Conocimientos Sobre La Aeronave (Vol1)

Dedicado a mi Madre

Enero de 2013

<u>Portada</u>: "*Airbus A-320* en configuración de aterrizaje, con flaps y tren de aterrizaje extendidos. Detalle del semiala derecha en vuelo de crucero, con flaps de borde de salida retraídos, spoilers plegados y alerón en posición cero".

<u>Imagen Superior</u>: "Semiala izquieda de *Airbus A-320* en hangar de mantenimiento. Vista de los flaps de borde de salida exterior e interior desplegados y alerón abajo".

CONOCIMIENTOS SOBRE LA AERONAVE (VOL1)

Se trata ésta de una obra técnica de carácter básico, con vistas a desarrollar las clases en el Módulo *"Constitución y Navegación en las Aeronaves"*, del 1º Curso de los CFGS en Mantenimiento de Aviónica y Mantenimiento Aeromecánico, en los trimestres 1º y 2º. El programa del tercer trimestre de este módulo se desarrolla con el libro *"Conocimientos sobre el Helicóptero"*. Por otro lado, el programa de este módulo se completa con la obra *"Conocimientos sobre la aeronave (Vol2)"*.

Estabilizador Horizontal Móvil (THS) con vista del margen de movilidad (+13º,-2º)

Siendo ésta una obra española de carácter técnico, se han utilizado figuras con descripciones en castellano, pero en muchas de ellas se ha dejado la nomenclatura original en Inglés, cuyo conocimiento es lo que se exige por las Administraciones de Aviación Civil en términos de Mantenimiento de Aeronaves.

INDICE

Indice .... III a IV
Constitución y Navegación de las Aeronaves 1
0 Introducción .... 2 a 10
    Aeronaves: Clasificación 2
    Estructura de una Aeronave (Aerodino) 7
1 Los Fluidos y la Atmósfera .... 11 a 32
    1.1 Fluidos 11
        1.1.1 Parámetros termodinámicos 11
    1.2 Ecuación de los Gases Perfectos 12
    1.3 Transformaciones Termodinámicas 12
    1.4 Atmósfera 13
    1.5 Ecuación Fundamental de la Fluidoestática 16
    1.6 Atmósfera Estándar o Tipo (ISA) 17
        1.6.1 Altitud-Presión 18
        1.6.2 Altitud-Densidad 19
        1.6.3 Velocidad del sonido en el aire 19
        1.6.4 Errores Altimétricos 20
    1.7 Características Atmosféricas Meteorológicas 21
        1.7.1 Masas de Aire 21
        1.7.2 Nubes y Precipitaciones 22
        1.7.3 Frentes de Aire 26
        1.7.4 Cizalladura del Viento 28
        1.7.5 Turbulencias 29
2 Dinámica de Fluidos .... 33 a 50
    2.1 Principios 33
    2.2 Instrumentos 35
    2.3 Sensores en Instrumentos de Vuelo 36
    2.4 Teoría de Cápsulas 36
        2.4.1 Cápsulas Aneroides o de Vidi 37
        2.4.2 Cápsulas Manométricas 38
        2.4.3 Causas de Error en Indicaciones con Cápsulas 38
    2.5 Sonda Pitot-Estática (Tubo Pitot) 39
    2.6 Sonda Pitot y Ventilación Estática Independientes 41
    2.7 Tubo Venturi 42
    2.8 Velocidades del Aire 43

- 2.9 Viscosidad 46
- 2.10 Capa límite 47
  - 2.10.1 Tipos de Capa límite 47
  - 2.10.2 Número de Reynolds 49
- 2.11 Torbellinos (Vortex) 49

3 Fuerzas Aerodinámicas .... 51 a 66
- 3.1 Giros alrededor de los ejes característicos de la aeronave 51
- 3.2 Teoría de Perfiles 51
- 3.3 Clasificación de Perfiles 53
- 3.4 Fuerzas aerodinámicas alrededor de la aeronave 53
- 3.5 Distribución de Presiones alrededor de un cilindro. Paradoja de D'Alambert ... 53
- 3.6 Efecto Magnus 56
- 3.7 Fuerza resultante sobre un perfil aerodinámico. Centro de Presiones 56
- 3.8 Sustentación y Resistencia 58
- 3.9 Influencia de la forma del perfil sobre C_L 59
- 3.10 Influencia de la viscosidad. Desprendimiento de la capa límite 61
- 3.11 Efecto Coanda 62
- 3.12 Componentes de la Resistencia Aerodinámica 63
- 3.13 Variación del Centro de Presiones con el Ángulo de Ataque 65
- 3.14 Perfiles Aerodinámicos NACA 65

4 Forma en planta del Ala .... 67 a 80
- 4.1 Nomenclatura 67
- 4.2 Terminología del Ala 67
- 4.3 Sustentación del ala 70
- 4.4 Resistencia Inducida 77
- 4.5 Curva Polar y Fineza Aerodinámica 77
- 4.6 Velocidad de Pérdida 79
- 4.7 Influencia del estrechamiento y la torsión 79

5 Dispositivos Hipersustentadores .... 81 a 100
- 5.1 Controladores de capa límite 81
- 5.2 Controladores de la forma del perfil 83
- 5.3 Dispositivos modificadores de la sustentación 89
- 5.4 Tramos de vuelo 92
- 5.5 Funcionalidad de slats y flaps 93

CONSTITUCIÓN Y NAVEGACIÓN EN LAS AERONAVES

Se trata de tres volúmenes diferentes que abarcan el siguiente temario:

CONOCIMIENTOS SOBRE LA AERONAVE (VOL1)

TEMA 0 - INTRODUCCIÓN
TEMA 1 – LOS FLUIDOS Y LA ATMOSFERA.
TEMA 2 – DINAMICA DE FLUIDOS.
TEMA 3 – FUERZAS AERODINÁMICAS.
TEMA 4 – FORMA EN PLANTA DEL ALA.
TEMA 5 – DISPOSITIVOS HIPERSUSTENTADORES

CONOCIMIENTOS SOBRE EL HELICÓPTERO

TEMA 6 – CONOCIMIENTOS SOBRE EL HELICOPTERO

CONOCIMIENTOS SOBRE LA AERONAVE (VOL2)

TEMA 7 – ACTUACIONES DEL AVIÓN.
TEMA 8 – CARGA Y ESFUERZOS.
TEMA 9 – ESTRUCTURAS.
TEMA 10 – MANDOS DE VUELO.
TEMA 11 – SISTEMAS DE MOTOR Y ACCESORIOS
TEMA 12 – MATERIALES.
TEMA 13 – VUELO TRANSÓNICO Y SUPERSÓNICO.

TEMA 0 – INTRODUCCIÓN A LA CONSTITUCIÓN Y NAVEGACIÓN EN LAS AERONAVES

AERONAVES: CLASIFICACIÓN

El entorno de movimiento de una aeronave es el aire de la atmósfera, de manera que precisan de un sistema para mantenerse en él, generando fuerzas verticales hacia arriba, denominadas "sustentación", compensadoras del peso de la misma, siempre vertical hacia abajo.

AEROSTATOS: utilizan como sistema de generación de sustentación un gas más ligero que el aire, que permite que la aeronave se eleve.

- GLOBOS: Canasta sujeta a un globo abierto, cuyo aire en el interior se calienta mediante un quemador controlado. De esta manera, el aire en el interior se hace más ligero que el aire en el exterior, produciendo fuerza de sustentación. No es controlable lateralmente, siendo empujado por los vientos a su alrededor. El control vertical se consigue calentando el aire interior y soltando parte del mismo a través de aperturas laterales o bien soltando pesos (lastre). Usados hoy como afición deportiva.

- DIRIGIBLES: Canasta sujeta a una estructura cerrada llena de un gas estable más ligero que el aire, como el helio. La canasta lleva incorporado un sistema de tracción basado en una planta de potencia con hélices que permite el control lateral de la aeronave. Su tamaño y peso impide que tengan una maniobrabilidad elevada. Sus movimientos son lentos. Utilizados hoy a efectos publicitarios.

0 Introducción

AERODINOS: Se dice que son más pesados que el aire, al no utilizar ningún gas menos denso que éste, como medio generador de sustentación.

- AVIONES: Aerodino de ala fija. El movimiento de la aeronave hacia delante genera un flujo de aire con velocidad relativa suficiente para que la forma del ala, aunque sea fija respecto del cuerpo del avión (fuselaje), produzca la sustentación necesaria para mantener el vuelo. Dependiendo de la planta de potencia que incorporan, pueden ser:
    - VELEROS: Sin motor. Despegan arrastrados con un cable por otro avión que los suelta cuando alcanzan cierta velocidad y altura. Manejando las corrientes de aire caliente (térmicas), se pueden mantener en el aire todo el tiempo que deseen. Muy usados hoy en aviación deportiva.

- AVIÓN DE HÉLICE: Incorporan un motor alternativo acoplado a una hélice generadora de tracción. Algunos aviones de hélice usan motor a reacción y, entonces se denominan turbohélice.

- AVIÓN A REACCIÓN: Incorporan un motor a reacción generador de gases de empuje como medio de tracción.

Saeta: primer avión español a reacción (FIO: Fundación Infante Orleans)

- GIROAVIONES: Aerodino de ala giratoria (rotatoria), nombrada en conjunto como rotor. El ala es muy estrecha, delgada y alargada, de gran envergadura y se denomina pala. Las palas son los elementos generadores de sustentación en el rotor.
    - AUTOGIROS: Utilizan un motor con hélice para producir tracción y un rotor libre, movido por el flujo de aire a su alrededor, generador de sustentación. Para que el rotor funcione adecuadamente requiere que la aeronave se desplace hacia delante o verticalmente hacia abajo con cierta velocidad. No permite vuelo estacionario. Muy utilizados hoy en aviación deportiva.

    - HELICÓPTEROS: Un motor suministra la potencia necesaria para producir tracción y sustentación a través de uno o varios rotor principales.

Requiere de un sistema antipar compensador del par de reacción producido por el rotor principal, al no ser libre respecto del fuselaje de la aeronave.

- GIRODINOS: Motor unido a una hélice tractora y a un rotor generador de sustentación. La hélice sirve de sistema antipar.

Eurocopter X3: híbrido de alta velocidad

- CONVERTIPLANOS: Aerodino mezcla de avión y giroavión. Utiliza dos motores acoplados a dos hélices de gran tamaño en los extremos del ala, con capacidad para pivotar alrededor del ala estando en rotación. Permiten despegue vertical y, una vez en el aire, comienzan a pivotar produciendo también tracción, hasta que con velocidad hacia delante de la aeronave, sólo producen tracción y el ala toda la sustentación necesaria. Son aeronaves de tipo STOVL ("short take off and vertical landing").

Prototipo XV-15

ESTRUCTURA DE UNA AERONAVE (AERODINO)

El diseño y fabricación de una aeronave se lleva a cabo dividiendo el trabajo por grupos. De esta manera se tiene:

GRUPO PRINCIPAL: Compuesto por los siguientes elementos:

- Estructura Principal o Célula
  - **Fuselaje o Cuerpo**: proporciona capacidad y sujeción de otros elementos estructurales. Compuesto por una armadura y un revestimiento externo, dividido según su funcionalidad en zonas presurizadas o no presurizadas,
    - "**Cockpit**" desde donde se controla la aeronave, responsabilidad de los "crew members" (CMs);
    - "**Cabin**" para dar cabida al pasaje, organizado por los tripulantes de cabina de pasaje (TCPs);
    - **Compartimento de equipos electrónicos o CEE**, ubicación de los equipos remotos de aviónica o LRUs ("Line Replacement Units").
    - "**Bulk cargo**" **o bodegas**, donde se almacena la carga;
    - **Pozos** ("wells") o zonas donde se encierran las diferentes partes del tren de aterrizaje retraido.
  - **Ala**: superficie generadora de sustentación, debido a la forma específica de sus secciones transversales o perfiles aerodinámicos. En ella se ubican elementos de control como los alerones ("ailerons"), a efecto de control de viraje, flaps y slats para mejora de la sustentación o spoilers para frenada aerodinámica o de ayuda en tierra.

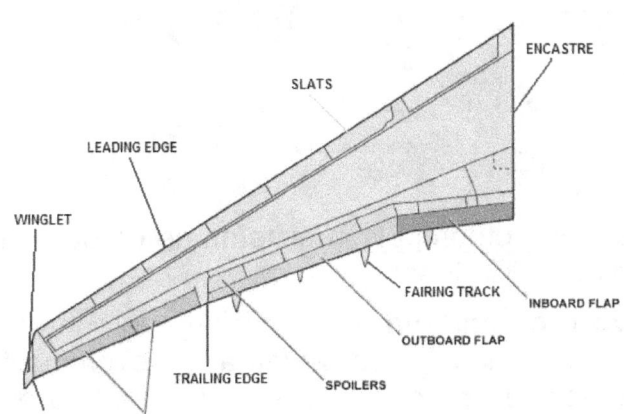

Cada ala o plano está compuesto por dos **semialas**, unidas al fuselaje por el encastre ("root"). En ocasiones, el ala incluye aletas ("winglets") en las puntas ("tips"), para mejora de la eficiencia aerodinámica.

CONOCIMIENTOS SOBRE LA AERONAVE (VOL1)

- **Empenajes de cola**: superficies aerodinámicas estabilizadoras y de control
  - **Estabilizadores**: superficies fijas respecto del fuselaje que proporcionan estabilidad a la aeronave:
    - **Estabilizador vertical o deriva**: utiliza perfiles aerodinámicos simétricos.
    - **Estabilizador horizontal o "stab"**: puede ser móvil a efectos de compensación aerodinámica ("Trimmable horizontal stabilizer" o THS).
  - **Timones**: superficies de control del movimiento de la aeronave.
    - **Timón de dirección o "rudder"**: sujeto a la deriva, permite controlar los cambios de dirección y virajes de la aeronave.
    - **Timones de profundidad o "elevators"**: sujetos al "stab" permiten controlar los cambios de altitud o cabeceo de la aeronave.

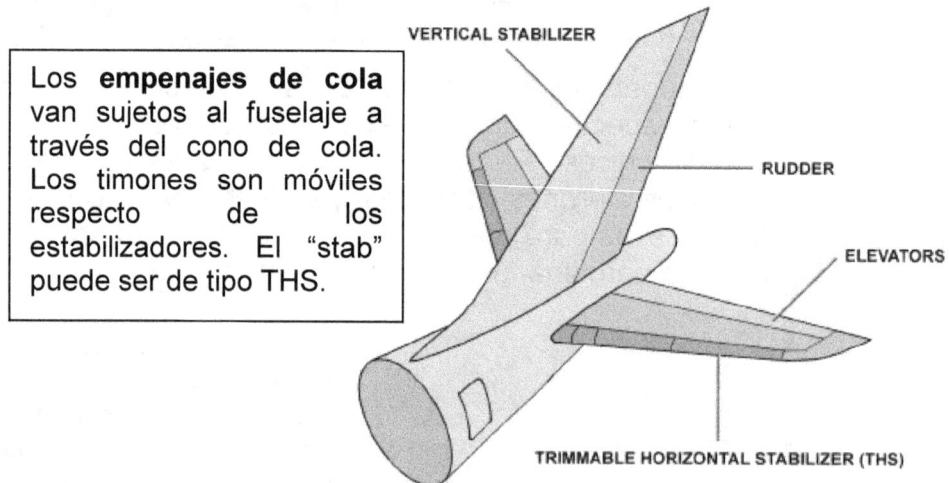

Los **empenajes de cola** van sujetos al fuselaje a través del cono de cola. Los timones son móviles respecto de los estabilizadores. El "stab" puede ser de tipo THS.

- <u>Planta de Potencia o Grupo motopropulsor</u>: sistema de propulsión generador de tracción directa o indirecta.
  - **Motor alternativo o de émbolo**: la potencia generada por el motor se entrega a una hélice encargada de producir tracción. Configuraciones de cilindros en línea, en V o en

estrella. Es habitual la sobrealimentación, debido a la reducción de la densidad del aire con la altura.

- o **Motor a reacción o de turbina**: los hay de reacción pura, de uno o varios ejes coaxiales (turboreactor), con o sin fan (turbofán); con o sin hélice (turbohélice o turboeje).

- Aerodinámica: Estudio relacionado con el diseño de superficies aerodinámicas, esto es, con la generación de fuerzas aerodinámicas o productoras de máxima sustentación, con mínima resistencia.

- Estabilidad y control: Se trata de definir la ubicación y forma adecuada de cada uno de los elementos estructurales de la aeronave, a efectos de conseguir mantener de forma automática una condición de equilibrio de vuelo, con o sin perturbaciones externas. El control consiste en modificar voluntariamente la condición de equilibrio del vuelo, definida inicialmente por su estabilidad.

- Actuaciones: características y especificaciones funcionales de la aeronave para cada tramo de vuelo. Incluye velocidades máximas y mínimas posibles, techo de la aeronave, autonomía, tiempos de vuelo, .., en tramos de vuelo horizontal, ascenso, descenso o virajes. Dependen en gran medida de la aerodinámica y

CONOCIMIENTOS SOBRE LA AERONAVE (VOL1)

estabilidad propia de la aeronave, así como, de la planta de potencia que monte.

GRUPO SISTEMAS: Puede representar hasta el 60% del presupuesto del proyecto completo. Los sistemas en la aeronave suelen ser redundantes, por seguridad, compuestos por subsistemas, conjuntos, equipos y elementos.

- **Principales**: Hidráulico, Neumático, Eléctrico, Mandos de vuelo, Combustible.
- **Secundarios**: Presurización, Aire acondicionado, Oxígeno, Comunicaciones, Navegación, Luces, Vuelo automático, Tren de aterrizaje, Protección hielo-lluvia, Fuego, ..

GRUPO AUXILIAR:

- **Instalaciones**: Interiores, Puertas y Rampas, Equipos.
- **Instrumentación de abordo**: ATA31

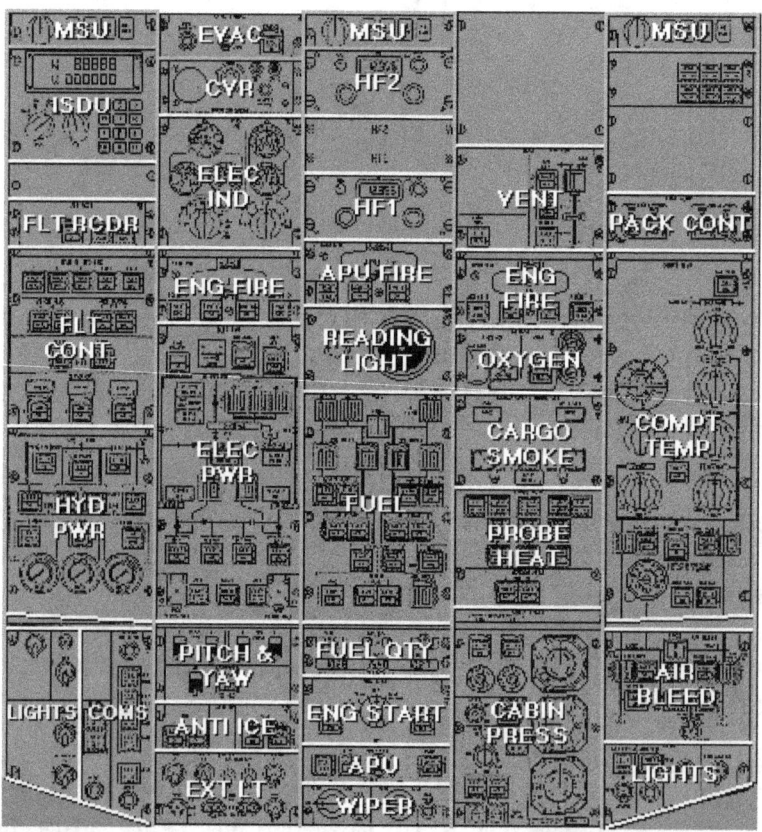

"Overheadpanel" u **OHP** en el cockpit del Airbús A-310 que incorpora la mayor parte de los paneles de control de los sistemas principales y secundarios del avión.

TEMA 1-LOS FLUIDOS Y LA ATMOSFERA

1.1 FLUIDOS

En la naturaleza podemos encontrar la materia en 3 formas típicas o estados, dependiendo de la fuerza de unión de las moléculas que la constituyen:

- Fuerza de <u>unión Fuerte</u>: Sólidos (Volumen claramente definido); movimiento relativo entre moléculas mínimo.
- Fuerza de <u>unión Intermedia</u>: Líquidos (Volumen indefinido; toman la forma del recipiente que los contiene); movimiento relativo entre moléculas medio.
- Fuerza de <u>unión Débil</u>: Gases (Volumen indefinido; ocupan todo el recipiente que los contiene); movimiento relativo entre moléculas grande.

Se denomina ***fluido*** a toda materia que en estado libre tiene un volumen indefinido, siendo por tanto, líquidos (si toman una forma concreta) o gases (si no toman forma).

1.1.1 Parámetros Termodinámicos: Los parámetros que definen el estado de un fluido son:

- <u>Densidad</u> – Se indica con la letra griega ρ y es por definición física, $\rho = masa/volumen$. La densidad es variable en cada punto del fluido. Dependiendo del grado de variación que pueda tener en el fluido considerado se habla de:
    - <u>Fluidos Compresibles</u> → variabilidad acentuada (Ej- aire)
    - <u>Fluidos Incompresibles</u> → variabilidad mínima (Ej- agua)

  En la práctica, se suelen considerar los líquidos fluidos incompresibles y los gases compresibles, aunque en ocasiones se consideran estos últimos también incompresibles, a efectos de simplificar su estudio matemático. El error cometido al trabajar con un fluido como incompresible depende de la presión y temperatura que soporta.

- <u>Temperatura</u> – Es la manifestación física de la energía cinética de las moléculas. Depende de la presión pues si aumenta esta, para una determinada energía cinética de las moléculas que forman el fluido, al encontrarse más pegadas, aumentan también las colisiones que sufren entre ellas y, por tanto, la Temperatura. Se suele expresar como, $T(°K) = t(°C) + 273$. La temperatura de 0°K o cero absoluto, representa energía cinética de las moléculas cero, es decir, no se mueven entre ellas.

- Presión – Si consideramos un cuerpo sólido sumergido en un gas, las colisiones aleatorias que se producen de las moléculas de dicho gas con la superficie del cuerpo, generan una fuerza en la misma que se conoce como presión. P=F/S, esto es, cantidad de fuerza F por unidad de superficie aplicada S. *La Presión Dependiente de un Punto* es la que se produce si conseguimos comprimir el cuerpo y reducirlo a un solo punto; también conocida como *Presión Estática*. En la atmósfera, la presión estática del aire se mide tomando como referencia el valor medio obtenido a nivel del mar, nombrado como MSL ("Mean Sea Level"):

$$P_0 = 1\ atm = 760mm\ Hg = 29.92\ in\ Hg = 1013mb\ (milibares)$$

1.2 ECUACION DE LOS GASES PERFECTOS

Dada una masa de gas en condiciones ideales contenida en un recipiente de volumen conocido, se puede aplicar la siguiente ecuación:

$$P \cdot V = nR \cdot T$$

- R = constante universal = $0'08206$ (atm · litro/°K · mol)
- T → Temperatura (°K)
- n → moles (masa/peso_molecular)
- P → Presión
- V → Volumen

Para transformaciones termodinámicas donde no varíe el número de moles *n*, se puede simplificar como:

$$\frac{PV}{T} = cte\ \text{(constante)}$$

1.3 TRANFORMACIONES TERMODINÁMICAS

Partiendo de la ecuación anterior, las transformaciones termodinámicas aplicables en un sistema donde el número de moles se mantiene invariante pueden ser:

- Isotérmicas: Cuando la Temperatura es constante, esto es, la energía interna del sistema no varía $\Rightarrow PV = cte$

- Isobáricas: Cuando la Presión se mantiene constante $\Rightarrow \dfrac{V}{T} = cte$

- Isocóricas: Cuando el Volumen es constante, es decir, el trabajo total es nulo $\Rightarrow \dfrac{P}{T} = cte$
- Adiabáticas: Cuando la cantidad de calor permanece constante. En el sistema termodinámico, de forma global, la cantidad de calor cedido es igual a la cantidad de calor absorbido. Por tanto Q=0. $\Rightarrow PV^{\gamma} = cte$, donde γ es el coeficiente adiabático asociado al gas considerado. La atmósfera es un sistema termodinámico cuyo comportamiento global se ajusta a una adiabática. Para gases con moléculas diatómicas γ vale aproximadamente 1'4 (es el valor que se utiliza para el aire atmosférico, considerando que el 99% de su composición es Nitrógeno y Oxígeno diatómicos).

Se denomina *calor especifico de un sistema termodinámico* al calor necesario para elevar en un grado la Temperatura de la unidad de masa. Esto es, $c = \dfrac{1}{m}\left(\dfrac{Q}{T}\right)$

Hay 2 formas de elevar la Temperatura de una masa gaseosa m:
- Con una presión constante $\Rightarrow c = c_P$ (calor específico a presión constante)
- Con un volumen constante $\Rightarrow c = c_v$ (calor específico a volumen constante)

En la práctica, $\gamma = \dfrac{c_P}{c_v}$ con $c_P = 7/2$ y $c_v = 5/2$ para moléculas diatómicas

1.4 ATMOSFERA

Conjunto de capas de una combinación de gases característica, nombrada como aire, que rodean la esfera terrestre (geosfera e hidrosfera) en forma de esferoides concéntricos. Limitada exteriormente por la propia gravedad terrestre que impide que el aire de la atmósfera escape definitivamente al espacio profundo. Podemos aplicar para su estudio todas las propiedades características de los fluidos.

La descripción de las capas atmosféricas se suele hacer a partir del estudio estadístico de valores medios de variación de la temperatura con la altura. De esta manera, se tiene:

- Troposfera: En valores medios, se define desde el nivel del mar (MSL) hasta los 11Km, donde la Temperatura cae de forma aproximadamente lineal unos 6,5°C por kilómetro, partiendo de un valor inicial de 15°C. En latitudes polares se reduce hasta los

8Km, aumentando en zonas ecuatoriales hasta los 16Km. El 50% de la masa de aire atmosférica se encuentra en la primera mitad de la troposfera (75% en toda la troposfera). La mayoría de las aeronaves no superan esta capa.

- Estratosfera: La temperatura se mantiene en -56.5ºC en el intervalo 11Km a (16-32)Km, para aumentar casi linealmente hasta los -2.5ºC en el límite de los 56Km. La transición entre troposfera y estratosfera es la tropopausa. Existe aquí una capa imprescindible para mantener la vida en la tierra: la ozonosfera; entre los 12 y los 28 Km, compuesta por ozono, esto es, oxígeno triatómico, máximo en los 20 Km, con gran capacidad de absorción de la radiación ultravioleta, actuando como capa protectora contra la radiación solar. Es la ozonosfera la que hace que la primera parte de la estratosfera se mantenga con una temperatura aproximadamente constante de -56.5ºC, así como, que en la segunda parte de la estratosfera la temperatura se incremente con la altura. El ozono no es respirable, utilizado como antiséptico de forma artificial. Algunas aeronaves vuelan en la estratosfera a velocidades superiores a la del sonido.

- Mesosfera: Definida entre los 56Km y los 88Km, donde la temperatura decae desde los -2.5ºC a los -92.5ºC. La transición entre estratosfera y mesosfera es la estratopausa

- Termosfera: Capas más altas de la atmósfera donde la temperatura aumenta gradualmente, hasta alcanzar valores de 1500ºC. La transición entre mesosfera y termosfera es la mesopausa. Existe una capa importante en la termosfera donde las moléculas de aire están ionizadas, esto es, cargadas eléctricamente, denominada ionosfera; definida entre los 80 y los 400Km, su altura varía con la cantidad de radiación solar que recibe y, por tanto, con la noche y el día, con la estación del año, con la longitud y latitud; está dividida en subcapas, según la concentración y composición iónica; es muy utilizada por su capacidad reflectiva de ondas electromagnéticas en comunicaciones de larga distancia. La presión disminuye drásticamente a grandes alturas, alcanzando casi el vacío en las capas altas de la ionosfera.

- Exosfera: Densidad del aire prácticamente nula. Definida a partir de los 800Km, la transición entre termosfera y exosfera es la termopausa. Se considera una capa contenida en la magnetosfera

(500Km a 60000Km) que alcanza los 10000Km. Los conceptos termodinámicos no son ya aplicables aquí por la falta de materia.

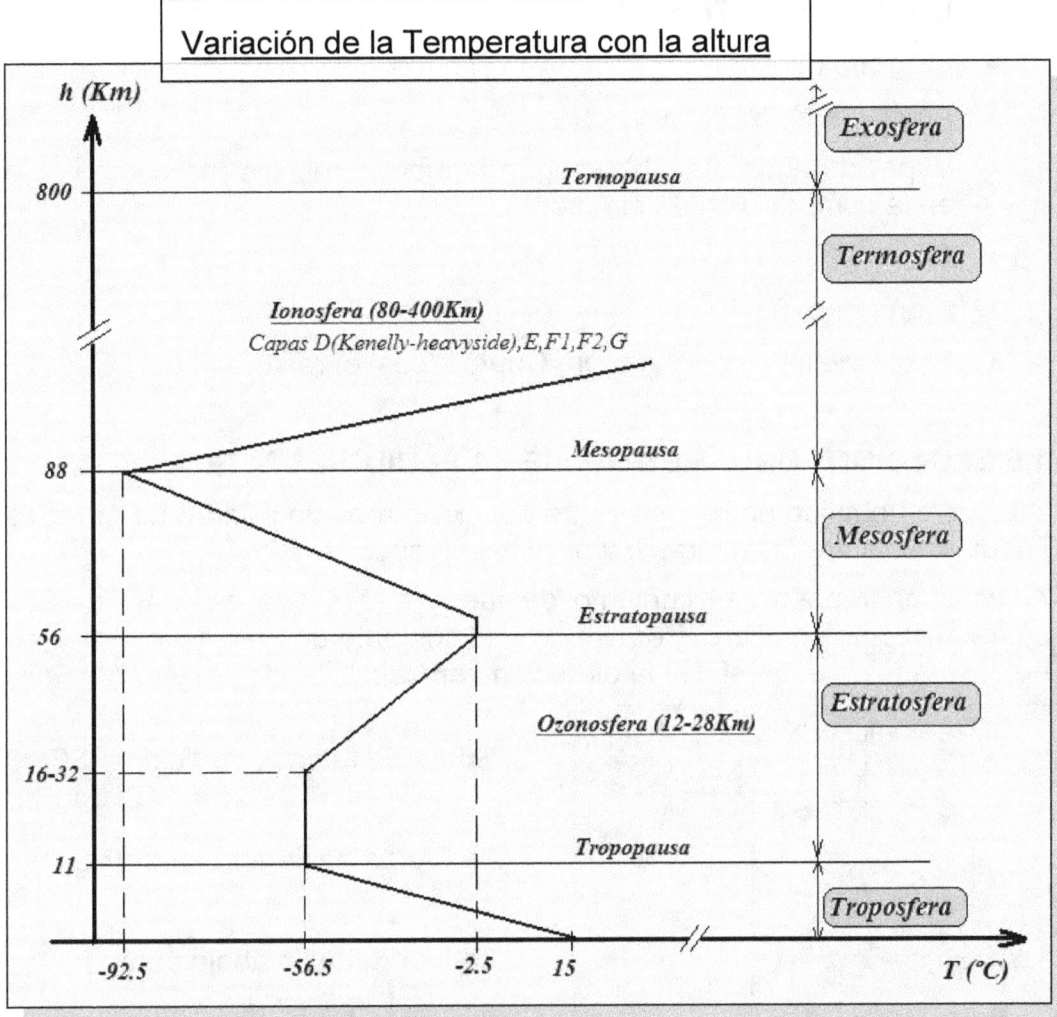

Dentro de cada capa atmosférica el aire se caracteriza por unas especificaciones concretas de Temperatura, Densidad y Presión. En general, se puede decir que con la altura la densidad y la presión del aire van disminuyendo, aunque lo hacen de formas diferentes dentro de cada capa. El paso de una capa a la siguiente, con los consiguientes cambios en los parámetros termodinámicos no se produce de forma radical, sino que se da progresivamente en unas zonas de transición denominadas "pausas".

Desde un punto de vista químico, el aire es una mezcla de gases cuya composición exacta varía dependiendo de la latitud, longitud y altitud considerada.

En particular, la composición aproximada del aire en la Troposfera, considerada constante sería la siguiente:

- Nitrógeno (N_2): 78%
- Oxígeno (O_2): 21%
- Argón: 0.9%
- Vapor de agua: variable, según humedad relativa (no computable en la composición de aire seco).
- CO_2 : 0.03%
- Hidrógeno: 0.01%
- Neón, Helio, Ozono, Xenón, Criptón: casi el resto.

1.5 ECUACIÓN FUNDAMENTAL DE LA FLUIDO-ESTATICA

Supuesto un fluido en reposo y que consideramos un cilindro de paredes imaginarias entre las alturas h y $h+dh$ y con sección S.

Al estar en reposo, el conjunto de fuerzas (ΣF) que originan presión sobre el mismo son cero. Por simetría, el conjunto de fuerzas laterales es nulo: se anulan entre sí. En la dirección vertical:

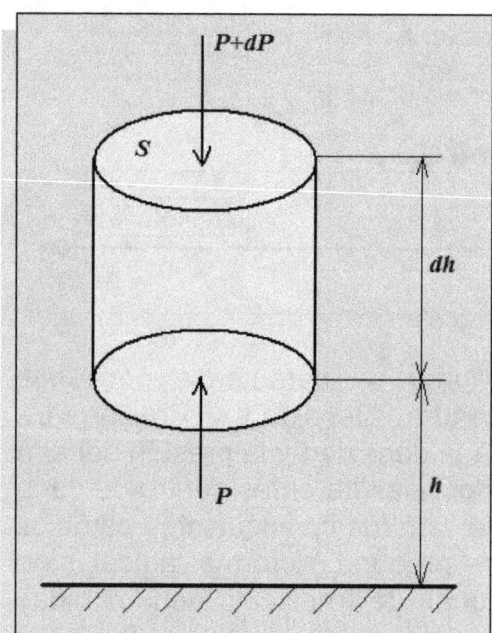

Suma de fuerzas verticales: $\Sigma F_y=0$

La fuerza hacia arriba es $P \cdot S$

La fuerza hacia abajo será,

$(P+dP) \cdot S + (S \cdot dh) \cdot (\rho g)$

Donde,
- $(P+dP)S$ es el peso del fluido del cilindro.
- $(S \cdot dh) \cdot (\rho g)$ es Volumen * Peso especifico =(masa · g)

Si igualamos las fuerzas hacia arriba con las fuerzas producidas hacia abajo, tenemos:

$$(P+dP) \cdot S + Sdh \cdot \rho g = P \cdot S$$

Despejando, se obtiene la ecuación de la fluido-estática: $\boxed{\dfrac{dP}{dh} = -\rho g}$

El signo negativo indica que la presión disminuye según aumenta la altitud. Esta ecuación la vamos a utilizar, combinada con la ecuación característica de la variación de temperatura con la altura en cada capa atmosférica y sus condiciones iniciales de presión y densidad, para obtener ecuaciones que describan la variación de la presión y densidad con la altura particulares de cada capa.

Por ejemplo, en la troposfera la variación de la temperatura con la altura se describe como:

$\boxed{T = T_0 + \lambda h}$ aplicable para $0<h<11Km$, donde T_0 es la Temperatura al nivel del mar, aproximadamente de 15ºC o 288ºK y λ es el gradiente de temperatura con la altura: $\lambda = -6.5º C / Km$

1.6 ATMOSFERA TIPO O ATMOSFERA ESTANDAR (I.S.A.)

Atmosfera ideal definida como modelo para poder realizar comparaciones de vuelo entre distintas aeronaves dentro de un mismo espacio aéreo.

La atmosfera estándar viene descrita por tres ecuaciones de Temperatura, Presión y Densidad para cada capa atmosférica. Se define a nivel del mar como aquella con una Temperatura de 15ºC, una presión de 1 atm (760mm de Hg o 1013mbar) y una densidad de 1.225Kg/m^3.

En la troposfera, partiendo de las condiciones atmosféricas ISA anteriores se tendrá:

La Temperatura disminuye 6'5ºC por cada Km de altitud, es decir, 1'98ºC por cada mil pies, partiendo de los 15ºC y hasta los 11km (36090 feet).

Aplicando estos datos sobre la ecuación de la fluido-estática obtenemos una descripción de la presión y densidad con la altura:

$\left. \begin{array}{l} P = P_0 (1 - 0'0000226h)^{5'256} \\ \rho = \rho_0 (1 - 0'0000226h)^{4'256} \end{array} \right\}$ para $0<h(m)<11Km$

Donde, $\begin{cases} P_0 = 1atm = 101396{,}11Pa = 1013.32mbar \\ \rho_0 = 1'225\ Kg/m^3 = 0'125\ Kg \cdot s^2/m^4 \end{cases}$

CONOCIMIENTOS SOBRE LA AERONAVE (VOL 1)

1.6.1 Altitud-Presión

Los altímetros son instrumentos que miden realmente presión, indicando indirectamente altitud. Son, por tanto, barómetros calibrados según ISA.

La altitud se corresponde con la presión que marca un altímetro que este reglado a nivel del mar.

La altitud-presión no coincide con la altitud real pues los altímetros están tarados según ISA. Por tanto, sólo coincidirán cuando la Temperatura real sea la estándar o tipo.

En la práctica un altímetro se calibra siguiendo el siguiente procedimiento:

- <u>Durante el despegue y ascenso</u>: el piloto utiliza como P_0 la presión existente en el aeropuerto de salida, por lo que las referencias altimétricas son con respecto a éste. Antes del despegue se asegura de que la aguja del altímetro marque altura cero moviendo el "knob" de ajuste de presiones.

- <u>Durante la aproximación y aterrizaje</u>: el piloto utiliza como P_0 la presión existente en el aeropuerto de llegada, notificada desde tierra mediante parte meteorológico, por lo que las referencias altimétricas son ahora con respecto a éste. Cuando la aeronave toque tierra, la aguja del altímetro debe de marcar así altura cero.

- <u>Durante vuelo de crucero</u>: el piloto utiliza atmosfera estándar con $P_0=1$ atm. El error cometido de forma relativa por toda aeronave volando en la misma zona es el mismo para todos.

La indicación del tambor numérico proporciona la decena del FL. La aguja marca las unidades de FL. La ventanilla inferior (**ventanilla de kolsmann**) muestra la referencia de presiones P_0 tomada en hPa y marcada con el "**knob**" en la esquina inferior izquierda. Alrededor de la esfera del indicador se usan marcadores manuales ("**bugs**") para referencias de altitud de vuelo.

Habitualmente la altitud marcada por el altímetro barométrico se expresa en pies ("feet" o ft) o en niveles de vuelo FL ("flight levels"), ambos MSL.

Un FL MSL son 100ft definidos alrededor de un valor a nivel del mar con un margen superior de 50ft y un margen inferior de otros 50 ft. Por ejemplo, el 110FL son 11000ft descritos entre el intervalo 11050ft y 10950ft.

1.6.2 Altitud-Densidad

Las fuerzas aerodinámicas dependen de la densidad del aire. Por tanto, este término es más adecuado en la práctica que la altitud-presión para describir las actuaciones propias de la aeronave. Se define como la altitud correspondiente a la densidad de aire según ISA, por tanto altitud-densidad y altitud real coinciden cuando las condiciones atmosféricas son las estándar. Esta magnitud es prácticamente teórica puesto que no hay dispositivos capaces de medir adecuadamente la densidad del aire.

Cuando la Temperatura_real>Temperatura_ISA $\Rightarrow \rho_{real} < \rho_{ISA}$

↑ 9ºC en Temperatura_Tipo $\Rightarrow$ ↑incremento altitud-densidad de 1000ft

1.6.3 Velocidad del sonido en el Aire.

El sonido en el aire se define como cualquier tipo de variación de presión en el aire. Estas variaciones de presión se transforman en señales audibles, siempre y cuando su frecuencia esté dentro de la banda audible para el ser humano, entre 20Hz y 20KHz.

La velocidad de propagación de las variaciones de presión en el aire es la <u>velocidad del sonido.</u>

La atmósfera se puede considerar como un sistema Termodinámico Adiabático (globalmente no hay variaciones de calor). Por tanto, el aire se puede expresar de formar adiabática. A nivel del mar, para una Temperatura de 15ºC se obtiene c_0=340m/s. En general, la velocidad del sonido en el aire se puede expresar como,

$$c = \sqrt{\gamma \frac{P}{\rho}} = \sqrt{\gamma R'T}, \text{ ya que } P = R'\rho T, \text{ donde } \Rightarrow R' = \frac{R}{PM} = 8.31 J /º Kmol,$$

PM (Peso molecular del aire)

Es decir, sólo depende de la temperatura y, por tanto, en las capas bajas de la atmósfera, disminuye con la altura.

1.6.4 Errores Altimétricos.

El altímetro barométrico es un instrumento de vuelo general compuesto por un sensor captador de presiones, un transmisor calibrado con la ecuación de presión-altura ISA y un indicador de altura. Los errores altimétricos son los errores de medida e indicación de altitud, distribuidos del siguiente modo,

- Error Instrumental – de tipo mecánico, referido a las fuerzas de rozamiento, tolerancias y holguras, envejecimiento y funcionamiento variable con la temperatura, de los elementos mecánicos del instrumento. Hoy en día muy pequeño, gracias a la precisión empleada en el proceso de fabricación, estanqueidad del instrumento y mantenimiento adecuado.
- Error Posicional o Estático – generado por la medida a través del sensor de una presión distinta a la estática, originada por las perturbaciones del aire alrededor de la aeronave en movimiento.
- Error de Medición sobre Atmosfera distinta a la estándar – teniendo en cuenta que el altímetro esta calibrado según ISA.

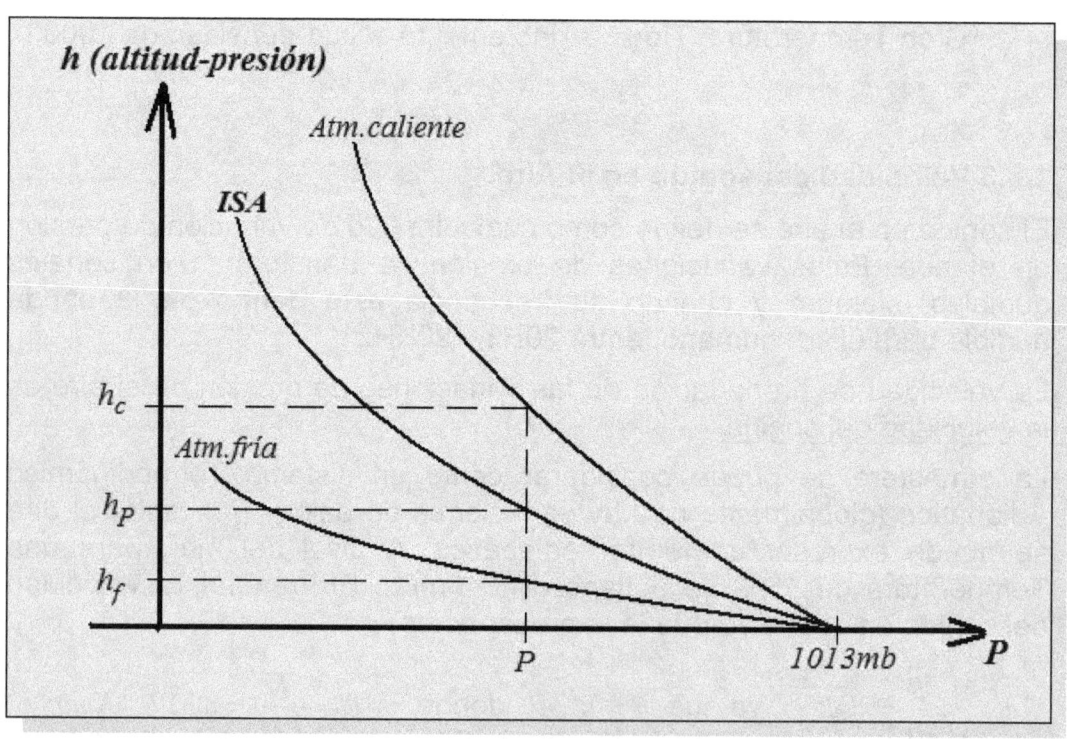

Por ejemplo, supuesto un altímetro calibrado con ISA y que la atmósfera a nivel del mar coincide con ISA. Cuando el altímetro detecta una presión P indica una altura h_P:

- si la atmósfera está más caliente que ISA, la altura real es $h_c > h_P$;

- si la atmósfera está más fría que ISA, la altura real es $h_f < h_P$

1.7 CARACTERÍSTICAS ATMOSFERICAS METEOROLÓGICAS.

1.7.1 Masas de Aire – Grandes Porciones de atmosfera donde la variación de la Temperatura, humedad relativa del aire y relación Temperatura-altura es aproximadamente constante. Pueden ser:

- *Masas de Aire frío:* cuando reciben energía calorífica de la superficie por donde se mueven.
- *Masas de Aire cálido:* cuando ceden energía calorífica a la superficie por donde se mueven.

Que sean de un tipo o de otro de forma absoluta lo determina la diferencia de Temperatura de la masa de aire respecto de la superficie del mar. Cuando es negativa será de aire frío y viceversa.

Las masas de aire frío se caracterizan porque contienen fuertes corrientes ascensionales que dan lugar a aguaceros, tormentas, cúmulos y cúmulos-nimbos.

Las masas de aire cálido dan lugar a nieblas, estratos, estrato-cúmulos, y lloviznas.

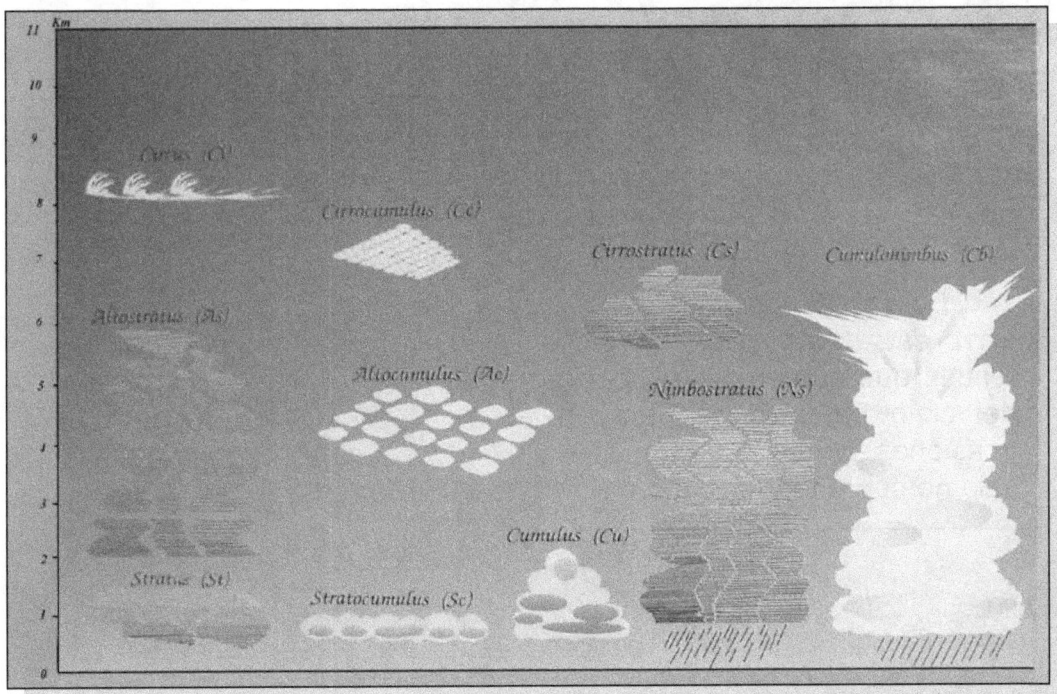

1.7.2 Nubes y Precipitaciones

Géneros de nubes: se agrupan en cuatro niveles,

- <u>Nubes altas</u>: cirros(Ci), cirrocúmulos(Cc), cirroestratos(Cs).
- <u>Nubes medias</u>: altoestratos(As), altocúmulos(Ac).
- <u>Nubes bajas</u>: estratos(St), estratocúmulos(Sc), nimboestratos(Ns).
- <u>Nubes de desarrollo vertical</u>: cúmulos(Cu) y cumulo-nimbos(Cb)

Cirros (Ci): Nubes muy blancas formadas por filamentos suaves y esparcidos con forma de garra o procedentes del yunque de un cúmulo-nimbo.

Cirro-estratos (Cs): Velos tenues que cubren todo o parte del cielo produciendo halo en ocasiones: borde cortante, si el velo no cubre todo el cielo.

Cirro-cúmulos (Cc): Nubes que se asemejan a "borreguitos", definidas con bandas de copitos ordenados en forma de empedrado.

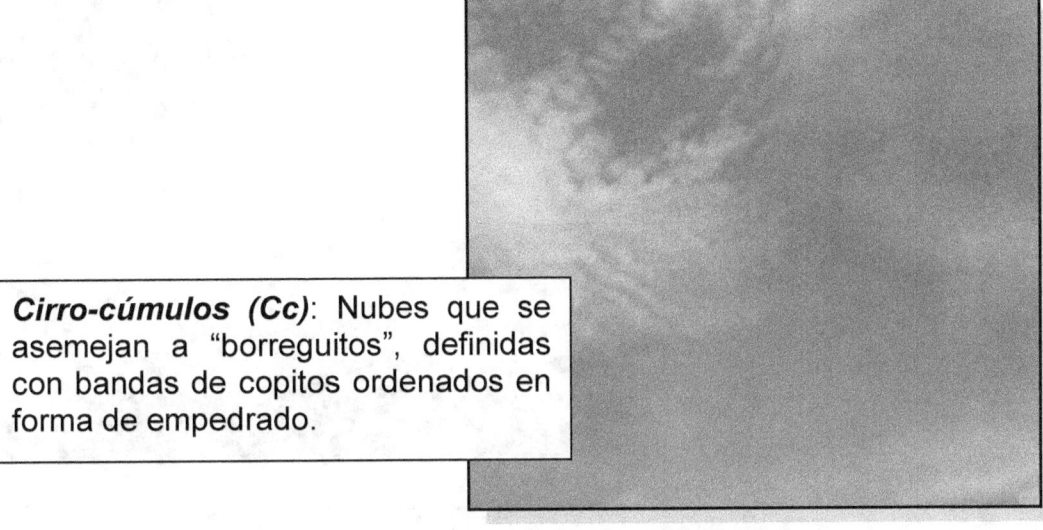

Altoestratos (As): Velo estriado a través del cual se ve la luz del sol o de la luna sin definir su contorno. Cuando produce lluvia que no llega al suelo, se observa como "cortinas" denominadas virgas.

Altocúmulos (Ac): Nubes con forma de guijarros lenticulares ordenados en grupos siguiendo dos direcciones.

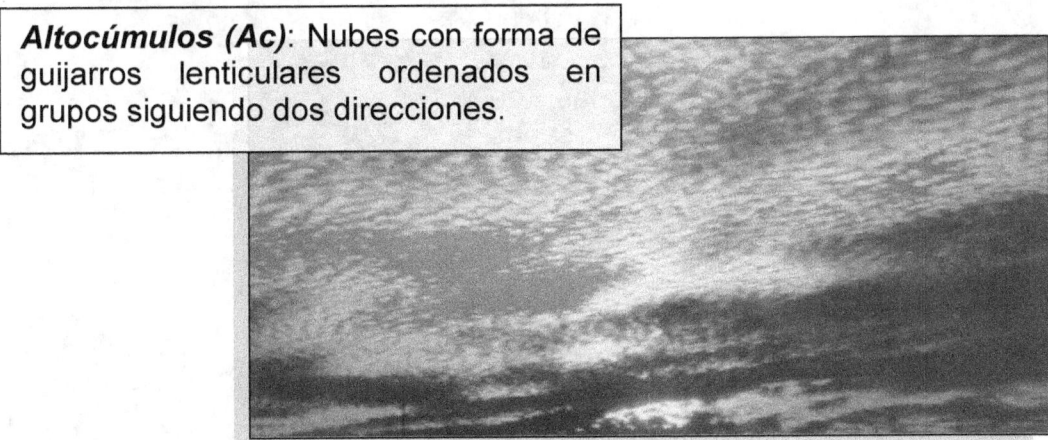

CONOCIMIENTOS SOBRE LA AERONAVE (VOL 1)

Estratos (St): Capa nubosa baja y uniforme que puede presentar desgarraduras por el viento. Cuando tocan el suelo, constituyen la niebla.

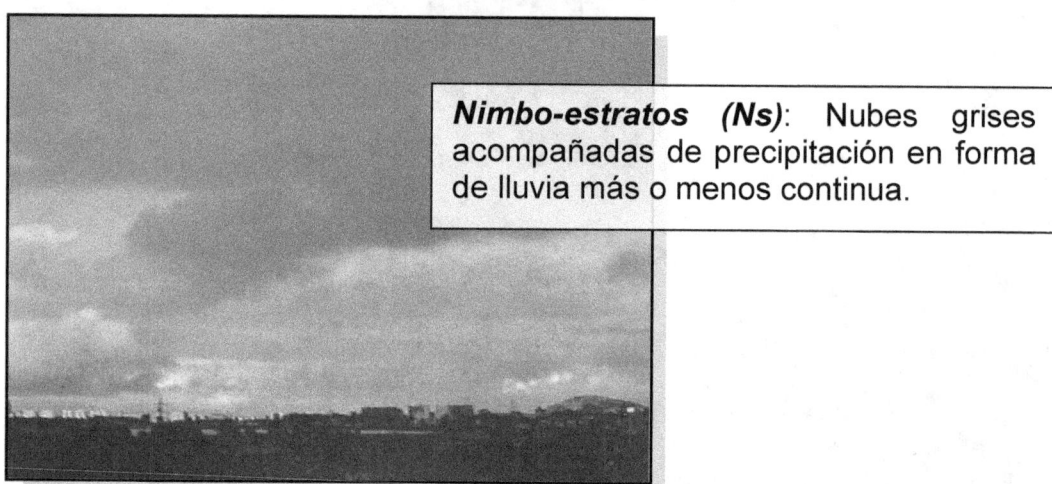

Nimbo-estratos (Ns): Nubes grises acompañadas de precipitación en forma de lluvia más o menos continua.

Estrato-cúmulos (Sc): Capas de nubes grises mezcladas con capas blanquecinas con forma de guijarros.

Cúmulos (Cu): Nubes densas de contorno bien definido, de desarrollo vertical con forma de torre. Las zonas iluminadas por el sol son muy blancas, mientras que la base es oscura y horizontal.

Cúmulonimbos (Cb): Nubes densas y potentes de gran desarrollo vertical. Su zona superior es lisa y aplastada, extendiéndose en forma de yunque que puede alcanzar la tropopausa.

Niebla: Gotas de agua muy pequeñas en suspensión que reducen la visibilidad horizontal respecto de la superficie terrestre. Asociada al concepto de alcance visual en pista o RVR ("*runway visual range*") utilizado en los aeropuertos para tomar la decisión de continuar o abortar el aterrizaje en función de la visibilidad que exista por efecto de la niebla.

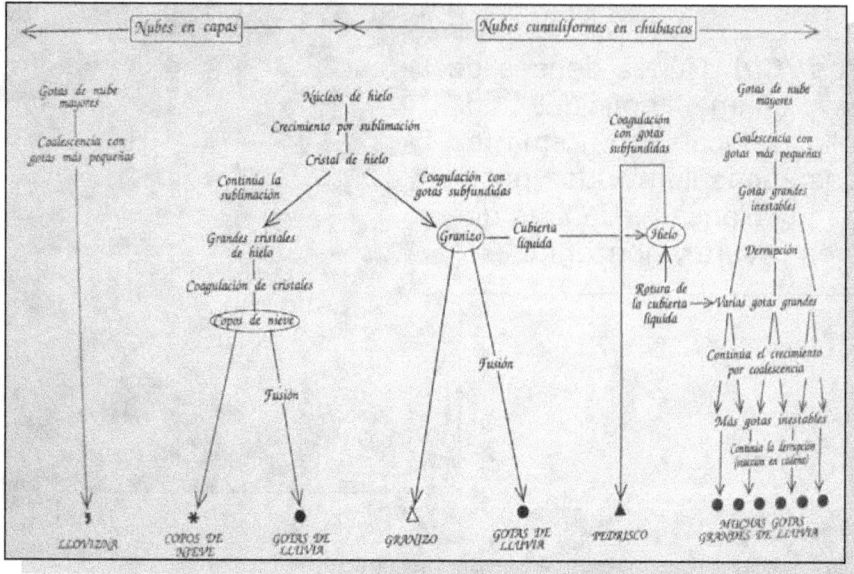

1.7.3 Frentes de Aire – Líneas que, a nivel del mar, separan una masa de aire frío de otra cálida. Pueden ser:

- *Frentes Fríos:* cuando al moverse desplazan hacia adelante una masa de aire cálido. Normalmente generar inestabilidad atmosférica en forma de precipitaciones.
- *Frentes Cálidos:* cuando al moverse desplazan hacia adelante una masa de aire frío. Producen estabilidad atmosférica, suprimiendo las nubes tipo cúmulos, por nubes estratificadas.
- *Frentes ocluidos:* ocurren cuando un frente frío alcanza un frente cálido, al desplazarse más rápidamente que él, superponiéndose ambos. En estas condiciones pueden aparecer lluvias y chubascos.

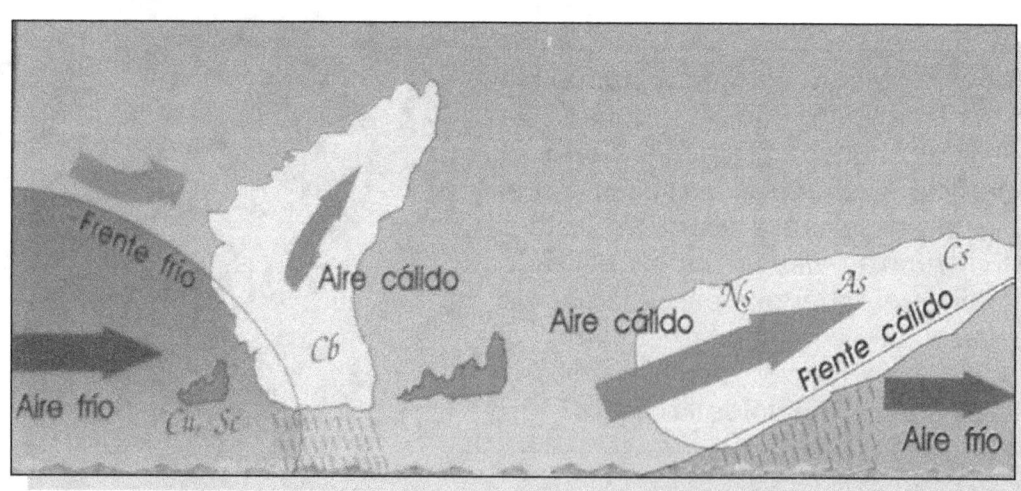

1 Los Fluidos y la Atmósfera

Representación meteorológica isobárica de ciclones (borrasca) y anticiclones, con indicación de frentes separación de diversas masas de aire.

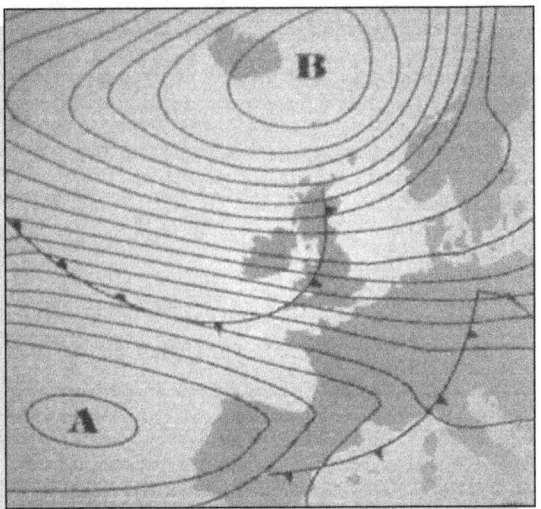

Formación de un frente ocluido.

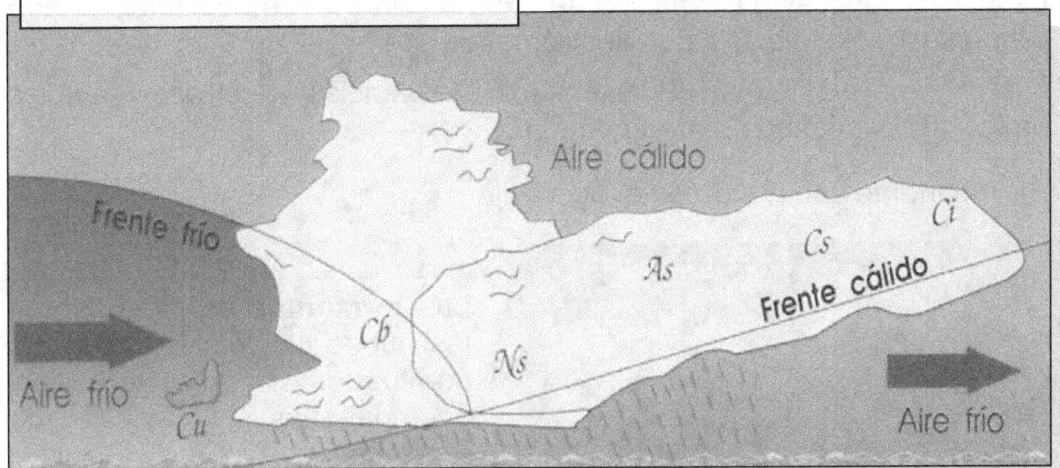

Vista por satélite sobre Europa y Norte de África de diversas masas de aire con frentes de separación entre ellas.

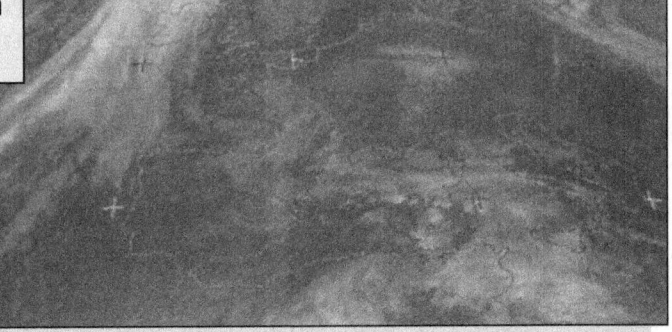

1.7.4 Cizalladura del Viento

La velocidad del aire en la atmósfera se denomina viento. Se describe por un vector cuya magnitud representa la intensidad y su dirección y sentido respecto del Norte como referencia.

Variación por unidad de longitud del vector velocidad del viento entre dos puntos de la atmósfera. Se considera tanto la variación en intensidad como en dirección y sentido del mismo. Tiene gran importancia en vuelos a baja altitud, sobre todo cuando se produce un cambio brusco de dirección. Se puede estudiar a 3 niveles:

Microescala: la variación se expresa entre puntos separados a corta distancia. Metros.

Macroescala: la variación se expresa entre puntos a distancias medias. Kilómetros (1'5-15Km)

Escalas Sinópticas: la variación se expresa en grandes distancias entre los puntos a estudio. Cientos de kilómetros.

Las microescalas sirven para estudiar turbulencias en el aire (cambios rápidos del viento en un área pequeña)

Es importante sobre todo en el aterrizaje.

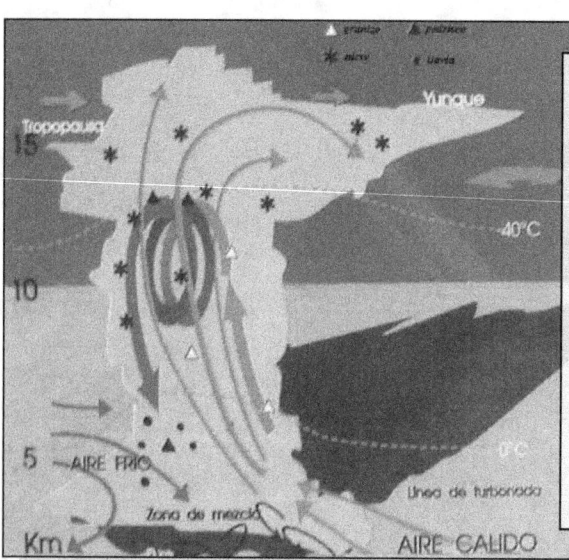

Las **tormentas** se producen en las nubes convectivas, esto es, con fuertes corrientes verticales, acompañadas de precipitaciones que alcanzan el suelo en forma de chubascos de lluvia, nieve, hielo o granizo. Su formación es debida a condiciones de inestabilidad en altitud: elevada humedad relativa, frío en capas altas de la atmósfera y calor en las bajas.

La cizalladura del viento puede originarse debido a:

- Pasos de frentes muy desarrollados. Cambios de Temperatura muy rápidos.
- Tormentas.

- Vientos fuertes.
- Zonas de relieve muy variado.

Los **rayos** aparecen cuando existe una diferencia importante de potencial entre nubes o entre nubes y el suelo. Las corrientes de aire ascendentes arrastran partículas en suspensión hacia arriba, generando una acumulación de carga positiva en el suelo. En lo alto de la nube la carga será negativa. El rayo consiste en un flujo de carga negativa que intenta compensar el exceso de carga positiva dirigiéndose hacia él.

1.7.5 Turbulencias

Variación del viento entre dos puntos muy cercanos de la atmósfera. Causas:

Mecánicas – Variaciones de relieve que genera corrientes de viento.

Térmicas – Variaciones de Temperatura importantes.

Remolinos asociados a fuertes vientos en altura o turbulencias en aire claro (TAC) – En ocasiones aparecen con visibilidad muy buena y sin nubosidad, por lo que unido a su intensidad pueden resultar peligrosas para las aeronaves. Importantes en las proximidades del "jetstream" troposférico (polar: 7 a 10 Km) y estratosférico (subtropical: 12 a 16km).

En general, se miden utilizando la aceleración vertical del avión respecto de la gravedad.

- Turbulencia Ligera: aceleración vertical < 0,2g
- Turbulencia Moderada: aceleración vertical entre 0,2g y 0,3g
- Turbulencia Fuerte: la aceleración vertical es superior a 0,3g. Se puede perder el control.
- Turbulencia Extrema: la aceleración vertical alcanza los 3g. Daños estructurales.

CONOCIMIENTOS SOBRE LA AERONAVE (VOL 1)

Un avión utiliza para detección de tormentas un **radar meteorológico** montado en el morro y cubierto por el **radomo** de material compuesto de fibra de aramit "transparente" a las ondas electromagnéticas transmitidas y recibidas. Para evitar problemas con los rayos, el radomo incorpora radialmente unas tiras metálicas ("**strips**") que lo conectan al cuerpo metálico del avión.

Detrás del radomo se encuentra la cabeza del radar meteorológico, compuesta por una antena de disco y una guía de ondas, acopladas a una bancada con motores de torsión que controlan la posición de transmisión y recepción de los pulsos radar.

La fricción de la aeronave en movimiento con el aire hace que se cargue positivamente, con un potencial que puede adquirir varios miles de voltios. Los rayos alcanzan la estructura metálica de la aeronave intentando compensar esta carga positiva. Sin embargo, el rayo suele tener mayor potencial eléctrico negativo que el positivo compensado de la aeronave. El exceso de carga debe escapar y esto se hace con los **descargadores de estática** ubicados en los bordes de salida de ala y estabilizadores: son barras de grafito que conectan el fuselaje metálico con el aire que actúa de masa.

1 Los Fluidos y la Atmósfera

Alrededor del avión existen una serie de puntos de **conexión a tierra** para descargar la electricidad estática acumulada durante el vuelo y evitar problemas de operación en tierra. Es habitual la conexión a tierra a través del tren de aterrizaje de morro, así como, en la operación de carga de combustible.

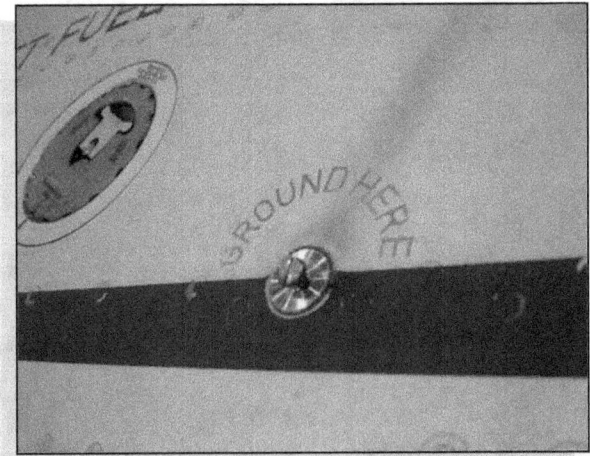

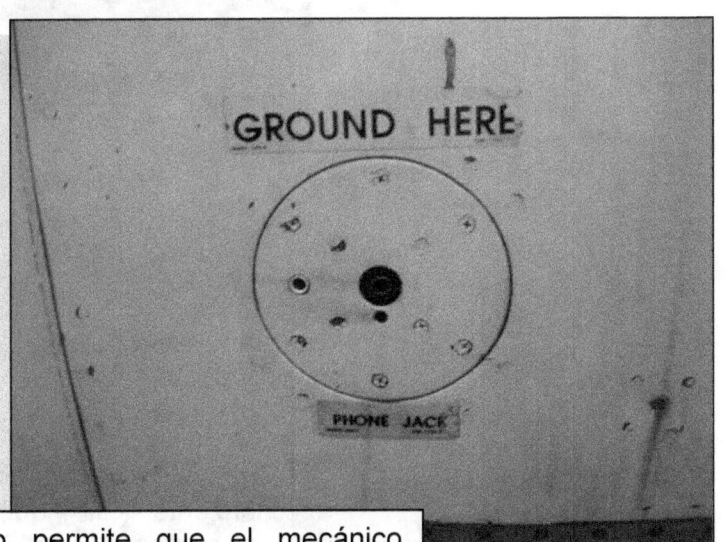

El interfono de servicio permite que el mecánico adquiera el mismo potencial que la aeronave utilizando también una toma de tierra en la zona del "phone jack".

CONOCIMIENTOS SOBRE LA AERONAVE (VOL 1)

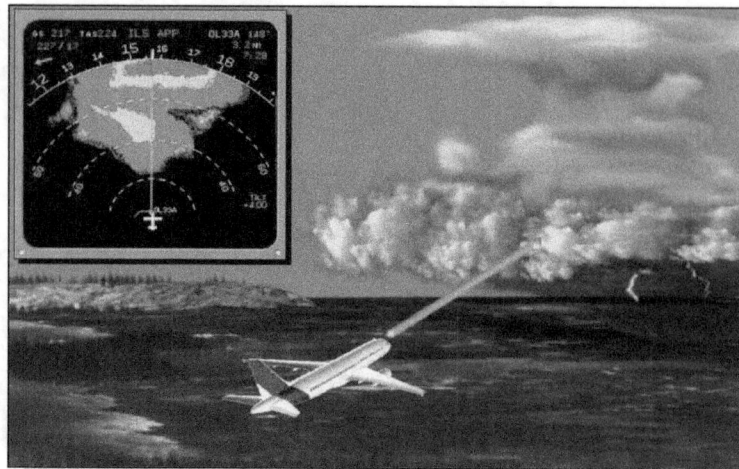

El indicador del radar meteorológico representa de forma plana los fenómenos meteorológicos captados delante de la aeronave y dentro de un sector en azimut de unos ±65°. La intensidad de los blancos se presenta con distintos colores (negro, verde, amarillo, rojo, magenta). La distancia ("range") se describe con sectores concéntricos.

El panel de control del radar meteorológico está ubicado habitualmente en el pedestal de mando del cockpit en el lado del piloto. Permite trabajar con modos detección de tormentas, tormentas y turbulencia o contorno orográfico.

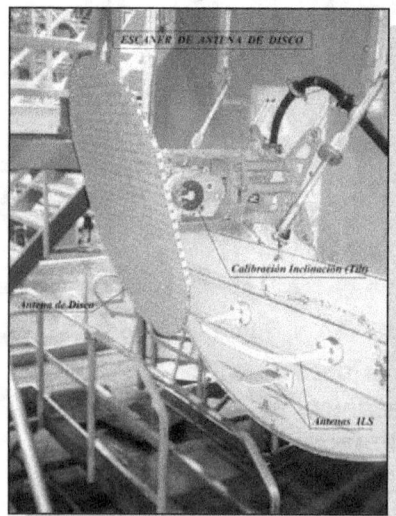

La cabeza radar (escáner de antena) se mueve en azimut, realizando un barrido lateral del sector de azimut, pero también en elevación. El piloto puede seleccionar un ángulo de elevación concreto respecto de la horizontal ("tilt") que determina la porción de espacio radar barrido por delante, por encima o por debajo del nivel de vuelo actual de la aeronave.

TEMA 2 DINAMICA DE FLUIDOS.

2.1 Principios

En dinámica de fluidos se trabaja con el concepto de "tubo de fluido": un cierto volumen de fluido, donde las partículas se mueven siguiendo determinadas trayectorias. Un tubo de fluido o tubo fluido se describe con líneas de corriente: denominamos <u>línea de corriente</u> a la trayectoria que utiliza una partícula fluida. Idealmente, se trabaja con líneas de corriente paralelas.

<u>Ecuación de Continuidad</u> (Teoría de la Cantidad de Movimiento)

"*La masa fluida permanece constante en el espacio a lo largo del tiempo*". Esto es, el flujo de masa de fluido que atraviesa cada sección de un tubo fluido es siempre el mismo, para cada intervalo de tiempo.

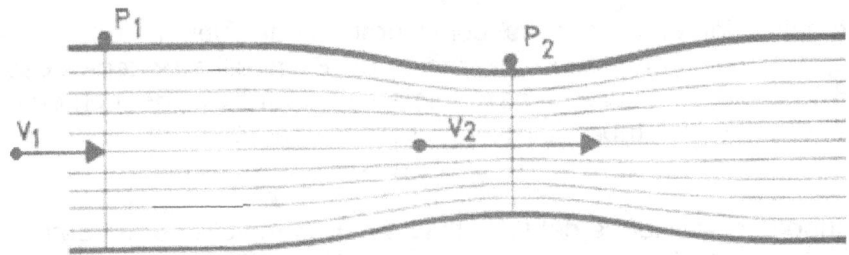

Matemáticamente se expresa como, $\frac{m}{t} = cte$. Si consideramos el fluido incompresible con $\rho = cte$ y, como $m = \rho V$, la ecuación anterior se puede poner como, $\frac{V}{t} = cte$. Podemos decir que el tubo fluido está compuesto por la suma de volúmenes cilíndricos definidos por $V = S \cdot x$, es decir de sección S y longitud x, en la dirección de movimiento de las partículas fluidas. La velocidad del fluido dentro de cada uno de estos volúmenes se puede definir como $v = \frac{x}{t}$.

Por tanto, la ecuación de continuidad puede expresarse finalmente como,

$$\boxed{Sv = cte}$$ (sección_transversal · velocidad = constante)

Si aplicamos la ecuación de continuidad entre dos puntos del tubo fluido, por ejemplo entre la entrada (1) y el estrechamiento (2), se obtiene, $S_1 \cdot V_1 = S_2 \cdot V_2$ y como $S_1 > S_2$ entonces $V_2 > V_1$. Esto significa que en los estrechamientos aumenta la velocidad de las partículas fluidas

<u>Teorema de Bernoulli</u>

Consideramos un tubo fluido en movimiento e incompresible (ρ es constante); en su interior, cada partícula describe una trayectoria determinada o línea de corriente. El Teorema de Bernoulli surge de la aplicación de la ecuación de energía en el tubo fluido:

$$P + \frac{1}{2}\rho v^2 + \rho g h = cte$$

Donde:

- **P**: Es la presión estática a la que está sometido el fluido.
- **ρ**: Densidad del fluido
- **v**: Velocidad de las partículas fluidas.
- **g**: Valor de la aceleración de la gravedad : *9.81 ms⁻²* .
- **h**: Altura sobre un nivel de referencia, por ejemplo, MSL.

En el caso aplicación en aeronaves, considerando que vuelan a una altura MSL apreciable, el tercer término de la ecuación de Bernoulli se puede despreciar, pues la diferencia de altura **h** es mínima en las líneas de corriente entre distintas secciones del tubo fluido, comparado con el nivel de vuelo de la aeronave.

Considerando dos secciones del tubo fluido, por ejemplo, la de la entrada (1) y la del estrechamiento (2), obtenemos aplicando Bernoulli:

$$P_1 = P_2 + \frac{1}{2}\rho(v_2^2 - v_1^2), \quad \text{para } S_2 < S_1 \rightarrow V_2 > V_1 \rightarrow P_2 < P_1$$

Es decir, la presión en los estrechamientos disminuye. En definitiva, al aumentar la velocidad de las partículas fluidas se produce una disminución de la Presión, que representa el denominado "*efecto Venturi*".

Este teorema sólo es aplicable para fluidos donde **ρ** es considerado constante, esto es, en fluidos incompresibles. Para el aire sólo podemos usarlo si no tenemos en cuenta su compresibilidad, a saber, a velocidades pequeñas y densidades relativamente grandes (para alturas MSL pequeñas).

En definitiva, si $\rho = cte \Rightarrow P + \frac{1}{2}\rho v^2 = cte$

Para el caso de que en el fluido no se pueda despreciar su compresibilidad, la ecuación de Bernoulli se transforma en la denominada <u>Ecuación de Saint-Venant</u>:

Si $\rho \neq cte \Rightarrow P + \frac{1}{2}\rho v^2 \left(1 + \frac{M^2}{4} + \frac{M^4}{40} + ..\right) = cte$, donde $M = \frac{v}{c} = \frac{v}{\sqrt{\gamma R' T}}$ es el número de Mach, siendo *v* la velocidad verdadera de la aeronave (TAS) y *c* la velocidad del sonido función de la temperatura *T* del fluido.

El error que se comete al considerar el aire incompresible para M < (0'4 a 0'5) es admisible. A partir de ahí es necesario trabajar con la ecuación de Saint-Venant. Los instrumentos de las aeronaves suelen utilizar calibrado Saint-Venant a partir de M>0.2

Caso Particular: Se denomina **punto de remanso** aquel en el tubo fluido donde la velocidad de las partículas fluidas sea nula. Los parámetros del fluido en este punto se nombran como condiciones de remanso.

La presión que existe en un punto de remanso es la suma de la Presión Estática P_s del fluido sin perturbar, más la debida a la energía cinética que llevan las partículas fluidas en movimiento, transformada en presión al perder su velocidad (Presión Dinámica P_d): se denomina *Presión Total o de Impacto* P_t

$$P_t = P_s + P_d$$

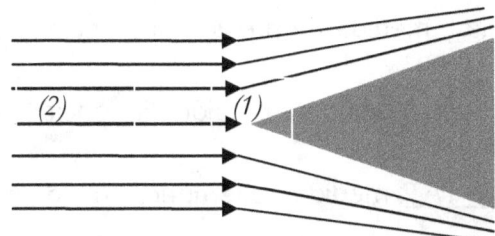

Supuesto un cuerpo sólido con forma de cuña en el interior de un tubo fluido donde las partículas fluidas se mueven con velocidad *v* y su presión estática es P_s sin perturbar.

Algunas de las partículas del fluido chocarán con el pico de la cuña y se pararán, generando un punto de remanso (1). Si aplicamos Bernoulli entre este punto de remanso y cualquier otro sin perturbar del fluido (2) obtenemos:

$$P_t = P_s + \frac{1}{2}\rho v^2$$

Al término $\frac{1}{2}\rho v^2$ se le denomina **Presión Dinámica** siendo equivalente a $P_t - P_s$

2.2 Instrumentos

Un instrumento indicador de algún parámetro de vuelo, navegación, motor o sistemas de la aeronave se compone en general por los siguientes elementos básicos:

- Sensor: captador del parámetro físico de medida. En instrumentos de vuelo, el sensor siempre es de presión o de temperatura.
- Transmisor: conversor del parámetro de medida captado por el sensor al parámetro que se pretende indicar. Utiliza una ecuación matemática

relación entre parámetro medido y parámetro indicado. Dicha ecuación se implementa mecánica o electromecánicamente.

- Indicador: presenta el parámetro de indicación suministrado por el transmisor, en forma analógica (agujas) y/o digital (números).

2.3 Sensores en Instrumentos de Vuelo

- Diafragma: disco laminado en bronce o latón, donde al aplicar una presión se obtiene una deformación equivalente, cuya medida es proporcional a la presión aplicada.
- Cápsulas aneroides y manométricas: Combinación de dos diafragmas, soldados por la periferia.
- Tubos Bourdon: tubo de bronce o latón, de sección elíptica, cerrado por un extremo y utilizado para medida de altas presiones.
- Sonda Pitot: medida de presión diferencial, basada en la generación de sobrepresiones.
- Tubo Venturi: medida de presión diferencial, basada en la generación de depresiones.
- Sensor de TAT: medida de temperaturas de impacto del aire.

2.4 Teoría de Capsulas

Supuesto un diafragma empotrado en la periferia y sometido a una Presión P, que hace que sufra, bajo su acción, una deformación.

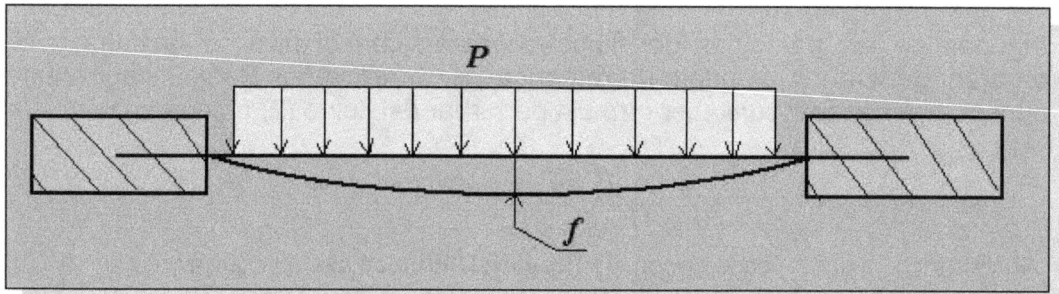

Cada punto del diafragma se desplazará una distancia vertical mayor cuanto más cerca esté del centro de la placa. Su valor máximo se denomina **flecha**.

La presión P y la flecha f resultan proporcionales de forma lineal dentro de unos límites, dependientes del tamaño y material del diafragma (área y espesor). Si la carga cesa, la flecha se anula y el diafragma recupera su posición inicial.

Para un determinado material y a una misma presión, la flecha dependerá del diámetro y el espesor del diafragma: f será mayor cuanto mayor diámetro y/o menor espesor. Por otro lado, para un determinado diafragma, la flecha sólo dependerá de la presión aplicada.

En la práctica, los diafragmas se ondulan radial y/o concéntricamente respecto de su centro para:

1. Evitar deformaciones permanentes.
2. Reducir el esfuerzo elástico.

Una **capsula**, es la combinación de dos diafragmas unidos en su periferia.

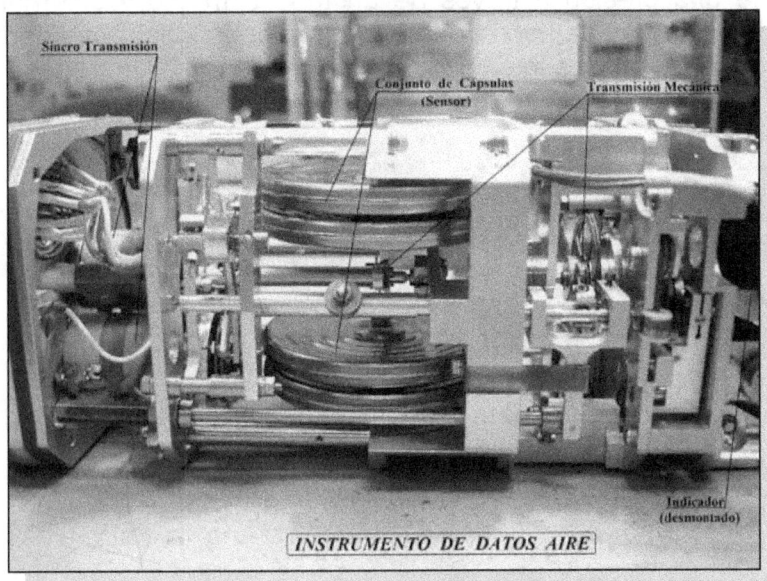

2.4.1 Cápsulas aneroides o de vidi: completamente selladas, mantienen en su interior una presión constante utilizando un gas inerte y/o, para evitar que la presión externa aplaste un diafragma contra otro, se coloca un resorte interno que los mantiene separados.

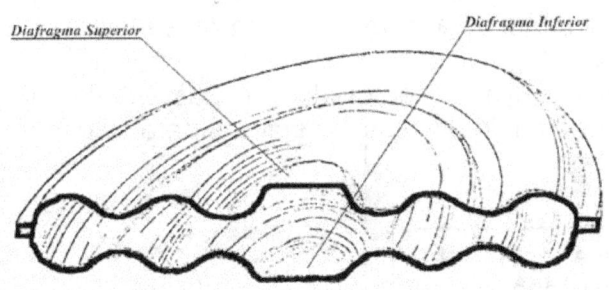

CAPSULA ANEROIDE (Sección)

Las cápsulas se sujetan por el centro al instrumento, manteniendo uno de los dos diafragmas fijos. El diafragma móvil se acopla a una varilla de transmisión de la flecha del sensor.

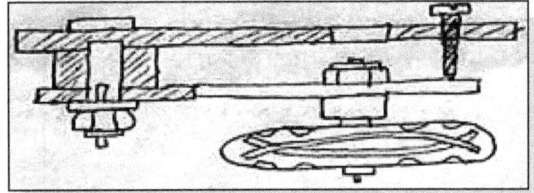

Cuando la presión máxima de trabajo externa no es muy elevada, se prescinde del muelle interior y, su efecto se compensa dándole algo más de rigidez a la cápsula, aumentando el espesor y el radio de curvatura de los bordes inmediatos a la soldadura.

2.4.2 Cápsulas manométricas: trabajan con presión diferencial; se les aplica interiormente una presión a través de un tubo estrecho y externamente otra diferente, de modo que la flecha obtenida es proporcional a la diferencia entre ambas presiones exterior e interior.

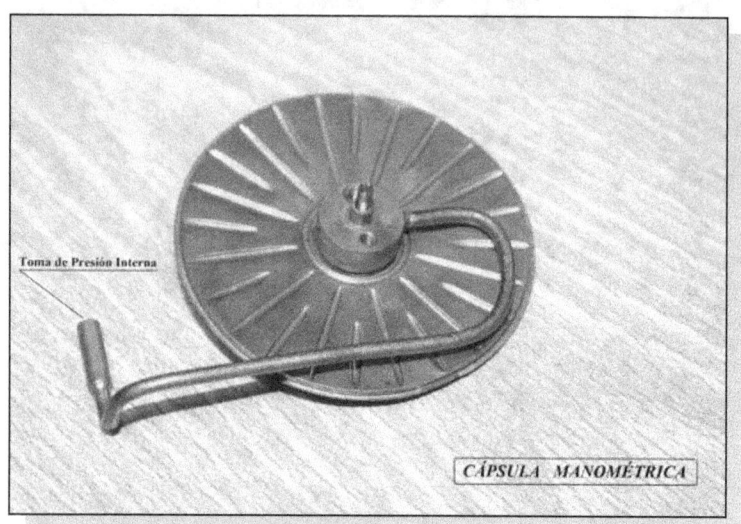

CÁPSULA MANOMÉTRICA

2.4.3 Causas de error en indicaciones con capsulas:

- Histéresis: la flecha de la capsula depende también de la forma en que se aplica la presión (rápido o lento). Se controla variando la sección de los tubos de alimentación de presión sobre la cápsula.
- Envejecimiento: debido al cambio de tensiones internas, con el tiempo y uso de la cápsula.
- Temperatura: Influye en el grado de elasticidad del material de la cápsula. Utilizacion de láminas bimetálicas para su control.

El extremo final del tubo bourdon transmite su movimiento de deformación a un sector dentado acoplado a un engranaje o piñón que mueve la aguja indicadora.

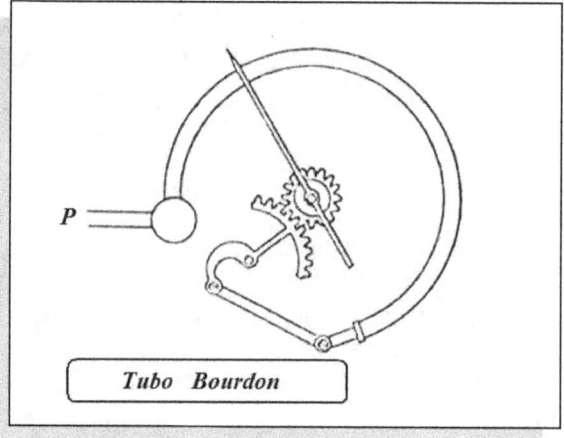

Tubo Bourdon

2.5 Sonda Pitot-Estática (Tubo Pitot)

Tubo alargado que dispone de dos tomas de presión distintas, montadas concéntricamente,

- Presión frontal o de impacto P_t, adquirida mediante el orificio central.
- Presión estática P_s, obtenida a través de tomas laterales conectadas entre sí.

Debe existir una distancia mínima entre tomas de al menos 5 cm, para evitar problemas a la hora de captar presión estática, respecto de la de impacto.

Si aplicamos Bernoulli entre ambas tomas de Presión, despejando se obtiene la velocidad relativa del aire, teniendo en cuenta que en la toma de impacto la velocidad de las partículas es nula:

$$v = \sqrt{\frac{2(P_t - P_s)}{\rho}} = \sqrt{\frac{2\Delta P}{\rho}}$$, donde ΔP es la Presión dinámica

Una sonda pitot-estática produce una <u>sobrepresión</u> en su toma de impacto con relación a la presión atmosférica medida lateralmente.

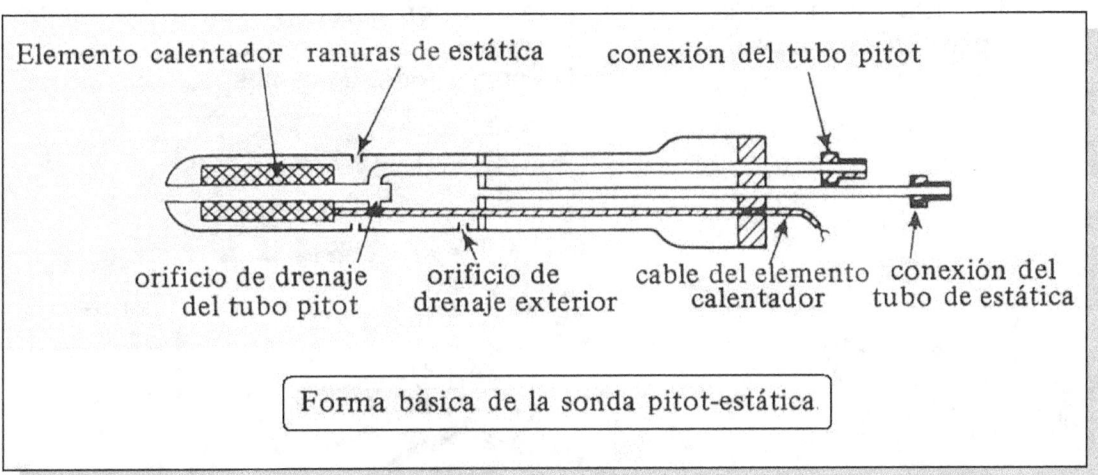

Forma básica de la sonda pitot-estática

En la práctica una sonda pitot-estática está compuesta por:

- Un Mástil de sujección al fuselaje.
- Dos series de ranuras laterales de estática independientes.
- Un tubo de presión pitot con deflectores, para evitar entrada de agua y materias extrañas.
- Orificios de drenaje delante y detrás de deflectores.
- En ocasiones, un tornillo de drenaje posterior.

- Elemento calefactor eléctrico alrededor del tubo pitot, carcasa y mástil, en la zona de mayor probabilidad de formación de hielo.

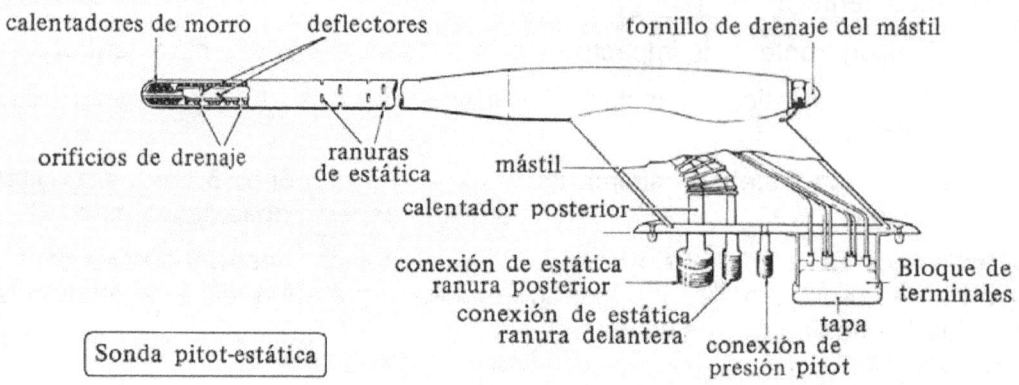

Sonda pitot-estática

Las sondas pitot-estática se ubican en el fuselaje de la aeronave orientadas en la dirección prevista del flujo de aire incidente. Tienen el problema de que cuando aparecen ráfagas de aire con un ángulo distinto respecto del eje longitudinal de la sonda, al incidir en las ranuras de estática, la presión que miden éstas ya no es la estática. Una solución es utilizar tomas de estática independientes ("flush static ports") separadas de las sondas pitot-estática, o bien usar sondas pitot y ventilación de estática independientes.

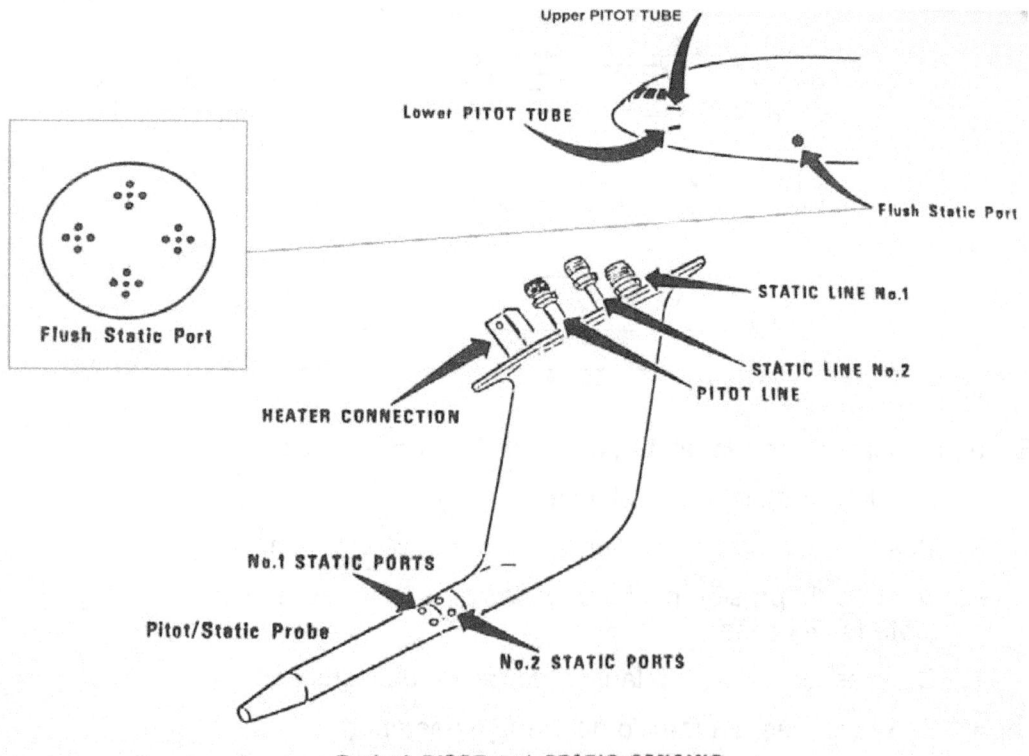

Typical PITOT and STATIC SENSING

2.6 Sonda Pitot y ventilación estática independientes

Ubicación de las tomas de presión estática en los laterales del fuselaje, acopladas simétricamente respecto al plano vertical XZ, para compensar variaciones de presión por "roll" (alabeo) del avión.

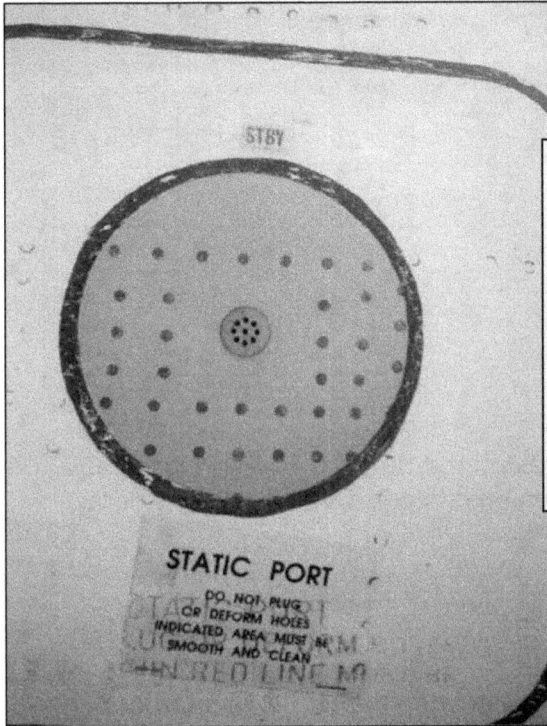

Las "**Flush Static Port**" se suelen colocar más atrás que las sondas pitot. Es usual encontrar una o dos en cada lado del fuselaje: una principal (piloto/copiloto) y otra de emergencia (standby). El área alrededor de los agujeros de ventilación estática se indica que debe estar siempre limpia y libre de cuerpos extraños

Las sondas pitot se ubican en los laterales del morro del avión. Se suelen utilizar una o dos en cada lado del fuselaje: una principal (piloto/copiloto) y otra de emergencia (standby), aunque también es posible encontrar alguna en el estabilizador vertical. Entre las dos sondas pitot del lateral del morro suele haber una sonda de AOA ("angle of attack").

2.7 Tubo Venturi

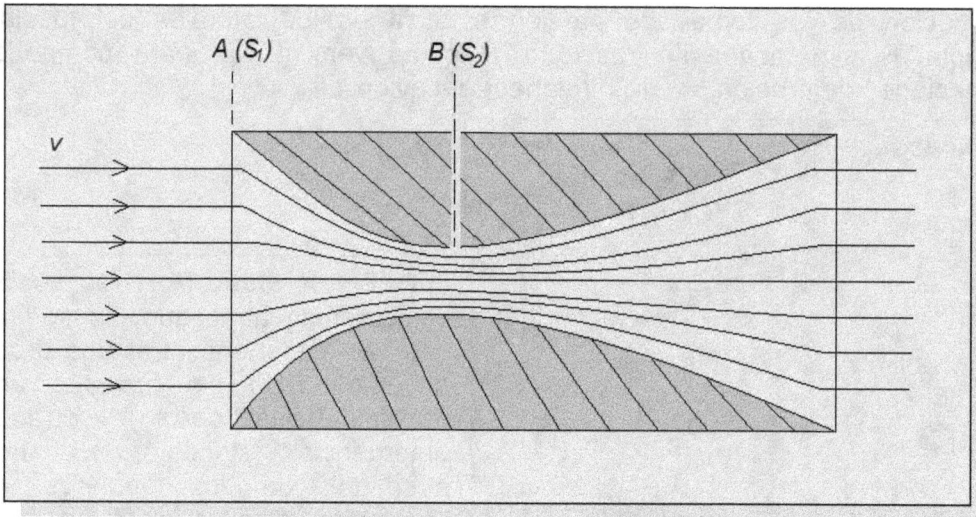

Consiste en un tubo abierto por los 2 extremos de sección interior variable, de tal manera que cuenta con un estrechamiento interior. Vamos a considerar,

$\begin{cases} S_1 \rightarrow \text{Sección de entrada} \\ S_2 \rightarrow \text{Sección de estrechamiento} \\ AB \rightarrow \text{Tomas de presión (medida de presiones)} \end{cases}$ $S_2 < S_1$

Régimen estacionamiento: Indica que la cantidad de aire que pasa por S_1 por unidad de tiempo es igual a la que pasa por S_2 y, por tanto, aplicando la ecuación de continuidad $\Rightarrow S_1 v_1 = S_2 v_2$

Como $S_2 < S_1$ entonces $v_2 > v_1$, siendo $v_2 = \left(\dfrac{S_1}{S_2}\right) v_1$

Aplicando la Ecuación de Bernoulli en el tubo venturi entre los puntos A y B,

$$P_1 + \dfrac{1}{2}\rho v_1^2 = P_2 + \dfrac{1}{2}\rho v_2^2 \quad , \text{con} \begin{cases} P_1 \text{ Presión en A} \\ P_2 \text{ Presión en B} \end{cases}$$

que se puede poner como, $\Delta P = (P_1 - P_2) = \dfrac{1}{2}\rho v_1^2 \left[\left(\dfrac{S_1}{S_2}\right)^2 - 1\right]$

Es decir, $\left(\dfrac{S_1}{S_2}\right)^2 - 1 > 1$, se cumplirá siempre al ser $S1 > S2$.

Por tanto, $P_1 > P_2$, es decir, se genera una depresión en B respecto de A, tanto mayor cuanto más aumente la velocidad del aire a la entrada del tubo venturi.

En conclusión,
- El Tubo Pitot crea una **sobrepresión** con relación a la Presión Atmosférica.
- El Tubo Venturi crea una **depresión** con relación a la Presión Atmosférica.

Ambas sondas producen una presión diferencial función directa de la velocidad del aire, aunque de valores diferentes. En realidad, la presión diferencial en el venturi depende también de la relación de secciones entrada-estrechamiento.

¿Qué es más fácil: generar sobrepresiones en el pitot o producir depresiones en el venturi, para una misma velocidad del aire? Esto es, ¿cuál de las presiones diferenciales es mayor, la del pitot o la del venturi?

Como la presión diferencial en el pitot sólo depende de la velocidad del aire, la sobrepresión sólo es función de la presión dinámica. Sin embargo, como la presión diferencial en el venturi depende de la velocidad del aire y también de la relación de secciones entrada-estrechamiento, la depresión generada no sólo es función de la presión dinámica, sino también de la geometría de la sonda.

De esta manera, con una relación de secciones en el venturi lo suficientemente grande la presión diferencial puede ser mucho mayor en éste que en el pitot, para misma velocidad de aire incidente.

Para bajas velocidades de aire, la sobrepresión generada en el pitot puede ser tan baja que la presión diferencial producida se puede "perder" entre fuerzas de rozamiento y holguras de los elementos mecánicos del transmisor, de manera que no exista indicación apreciable. Sin embargo, en un venturi a pesar de bajas velocidades del aire, la presión diferencial puede ser elevada si se está utilizando una relación de secciones grande, por lo que la indicación de las mismas será apreciable. La relación de secciones entrada-estrechamiento funciona como ganancia amplificadora de la presión dinámica captada en el venturi.

Por esta razón, el tubo venturi se utiliza siempre en aeronaves que se mueven a bajas velocidades: veleros sin motor, autogiros, ultraligeros. El tubo pitot, más aerodinámico, se usa en aviación ligera y aviación comercial habitualmente.

2.8 VELOCIDADES DEL AIRE

La velocidad del aire que obtenemos utilizando el tubo Venturi o la sonda Pitot no es, en realidad, la velocidad real o velocidad verdadera.

Sólo en el caso de que la atmósfera real coincida con la atmosfera tipo, la velocidad indicada será velocidad verdadera, lo cual es prácticamente imposible.

El instrumento de medida de velocidad relativa al aire se denomina <u>anemómetro</u> y, en la práctica, se calibra utilizando un valor de ρ constante para todo nivel de vuelo, coincidente con ρ_0, esto es,

$$\rho = \rho_0 = 1.225 \, Kg/m^3$$

La velocidad marcada en el anemómetro, en el caso de que mida exactamente, sin errores y este calibrado con ρ_0 se denomina velocidad equivalente.

Los errores que se han de corregir en un anemómetro son los siguientes:

- Error Instrumental – Debido a la falta de precisión en la construcción y mantenimiento del instrumento. Se refiere a los errores de tipo mecánico del instrumento, es decir, los producidos por fuerzas de rozamiento entre elementos móviles, holguras y tolerancias entre componentes, envejecimiento por fatiga y efecto de las dilataciones por temperatura. Se minimiza utilizando estanqueidad del instrumento y aplicando un mantenimiento adecuado: limpieza, lubricación y sustitución de componentes.
- Error Posicional – Proviene de la dificultad de encontrar una posición donde la Presión Estática y la Presión Total puedan ser medidas sin que les afecten las perturbaciones del aire alrededor del sensor o sensores. Es difícil de anular. La solución utilizada consiste en usar Pitot independientes de las tomas de estática y, ambas separadas suficientemente, además de redundancia.
- Error de Compresibilidad – A partir de ciertas velocidades y/o altitudes, la influencia de la variación de la densidad en el aire es apreciable en la ecuación de Bernoulli por lo que es necesario sustituirla por la ecuación de Saint-Venant.

En función de cómo se construya el anemómetro, la velocidad que proporciona puede ser (supondremos en todos los casos uso de una sonda pitot-estática),

1. Velocidad Indicada (IAS) -V_I: La que se lee en el anemómetro, sin corrección de los errores del sistema indicados. Además el transmisor utiliza $\rho = \rho_0$. De esta manera,

$$\Delta P = \frac{1}{2}\rho_0 IAS^2 + \text{errores sin corregir}$$

2. Velocidad Calibrada (CAS) -V_C: La que se lee en el anemómetro con los errores de posición e instrumento corregidos. Hoy en día, se considera que en todo anemómetro los errores de posición e instrumento están suficientemente minimizados, como para considerar al menos CAS.

$$\Delta P = \frac{1}{2}\rho_0 CAS^2 + \text{error compresibilidad sin corregir}$$

3. Velocidad Equivalente (EAS) -V_e: La leída en el anemómetro corregidos todos los errores, es decir, los de Posición, Instrumento y los efectos de compresibilidad adiabática a la altitud considerada.

$$\Delta P = \frac{1}{2}\rho_0 EAS^2 \left(1 + \frac{M^2}{4}\right), \text{ con } M = \frac{v}{c}$$

Si relacionamos esta ecuación con la anterior a través de la presión diferencial del sensor, $CAS = EAS\left(1 + \dfrac{M^2}{4}\right)^{1/2}$ y, por tanto, se puede decir que, en todos los casos, $V_c > V_e$

Se define el <u>error de compresibilidad</u> como la diferencia entre la velocidad calibrada y la equivalente dadas por dos anemómetros que utilizan la misma sonda pitot-estática. Esto es, $V_c - V_e$

El error de compresibilidad es el mismo para todos los anemómetros, estando tabulado en función de *M*, número de Mach.

4- <u>Velocidad Verdadera (TAS)</u> –V: Velocidad real de la aeronave respecto al aire.

$$\Delta P = \frac{1}{2}\rho TAS^2\left(1 + \frac{M^2}{4}\right) \Rightarrow TAS = \frac{EAS}{\sigma}, \text{ con } \sigma = \sqrt{\frac{\rho}{\rho_0}}$$

En todos los casos, V>V_e

Si consideramos, $M^2 = \dfrac{TAS^2}{\gamma R'T}$ y $\rho = \dfrac{P}{R'T}$ sobre la ecuación anterior,

$\Delta P = \dfrac{TAS^2 P}{8R'T}\left(4 + \dfrac{TAS^2}{\gamma R'T}\right)$, donde despejando TAS se obtiene una ecuación que es función de $\Delta P, P, T$. En la práctica un anemómetro_TAS es un anemómetro_CAS con cápsulas manométricas alimentadas con ΔP y corregido por presión estática y temperatura, usando un conjunto de cápsulas aneroides y de temperatura independientes.

5- <u>Velocidad respecto a tierra (GS)</u> -V_S: Velocidad resultante de sumar vectorialmente *TAS* y *W* (vector viento). El avión sige una trayectoria respecto de tierra determinada por la dirección del vector *GS*.

$$GS = \overline{TAS} + \overline{W}$$

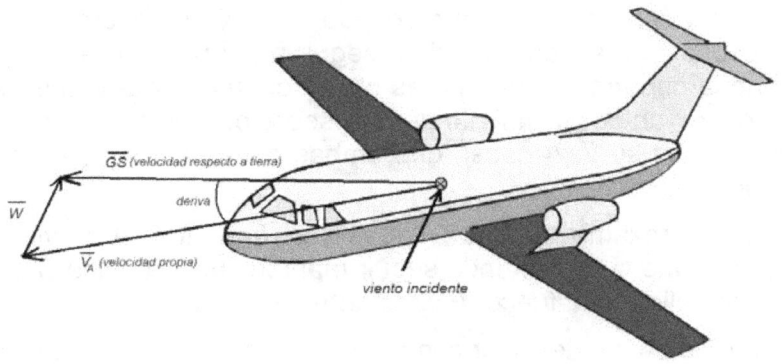

2.9 VISCOSIDAD

Se define como la oposición de un fluido en movimiento a las fuerzas tangenciales que se generan. En realidad, se trata del efecto que producen las fuerzas de rozamiento existente entre capas de fluido adyacentes.

La viscosidad es un fenómeno nulo cuando se considera un fluido perfecto (ideal), esto es, cuando se desprecian las fuerzas de rozamiento entre líneas de corriente.

Supuesto que tenemos dos placas sólidas paralelas A y B de misma superficie S dentro de un fluido en reposo y separadas entre sí una distancia y. Vamos a considerar que la placa A está en reposo y B se mueve con una velocidad V respecto del fluido.

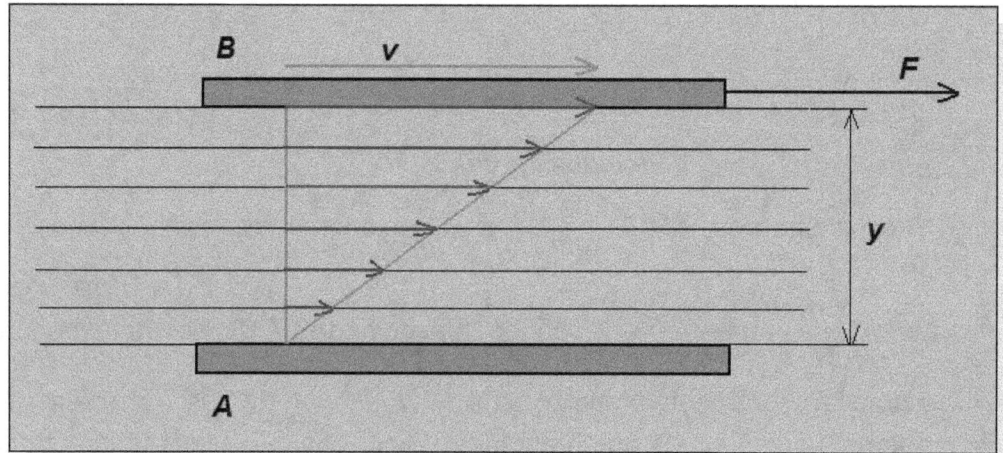

Las capas de fluido en contacto directo con las placas A y B, respectivamente, se comportan como si estuvieran adheridas a ellas, moviéndose con su misma velocidad.

La capa de fluido en contacto con B se moverá con una velocidad V mientras que la que está en contacto con A no se mueve. Mientras tanto, las capas comprendidas entre A y B se moverán con una velocidad comprendida entre cero y V.

Una determinada capa de fluido tiende a moverse con la misma velocidad que las capas a su alrededor. Sin embargo, cuando hay una diferencia de velocidad entre dos capas, la más lenta tiende a seguir a la más rápida pero, a causa de la inercia de la capa más lenta, no es capaz de seguirla a la misma velocidad. Se va a producir un deslizamiento de una sobre otra, lo cual genera fuerzas de rozamiento que, a su vez, hacen que ambas capas mantengan una diferencia de velocidad.

Las fuerzas de rozamiento entre capas van frenando el movimiento de las mismas, por lo que si se pretende seguir manteniendo la placa B con velocidad V, habría que aplicar una fuerza F constante sobre ella.

Esta fuerza F se puede describir como fuerza cortante ("shear stress"),

$$\boxed{F = \mu S \frac{dv}{dy}}, \text{ donde}$$

Con $\mu S = \rho$

- µ- coeficiente de viscosidad del fluido
- S- superficie de las placas
- dv/dy – gradiente de velocidades entre placas

2.10 CAPA LÍMITE

Distancia transversal entre la superficie del perfil introducido en un fluido en movimiento y el punto donde la velocidad del fluido vuelve a ser la de la corriente libre sin perturbar por el perfil. Esta distancia depende de la forma geométrica del objeto considerado y de la viscosidad del fluido.

Supuesto una superficie en un avión (ala, estabilizador, fuselaje,...). Vamos a considerar la superficie en reposo y el aire a su alrededor en movimiento.

La capa de aire en contacto con la superficie, permanecerá adherida a ella.

Después, existe un deslizamiento entre las diferentes capas a medida que nos separamos transversalmente de la superficie, con lo cual, la velocidad de cada una de ellas va aumentando hasta alcanzar la velocidad de la corriente libre de aire. La distancia transversal desde la superficie hasta el punto en que se alcanza la velocidad de la corriente libre de aire es la capa límite.

2.10.1 Tipos de Capa Límite:

- *Capa límite Laminar*: Cuando el movimiento del aire dentro de la capa límite es en forma de capas paralelas que se deslizan entre sí. No existe componente de velocidad transversal en el movimiento de las partículas fluidas.

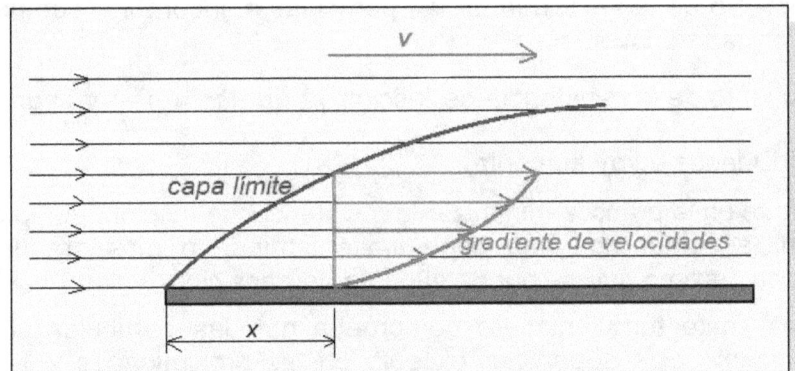

Resistencia de Fricción → Fuerza de rozamiento entre las diferentes capas debido al deslizamiento a que están sometidas.

- *Capa límite Turbulenta*: El espesor de la capa límite va aumentando desde el borde frontal de la superficie en adelante, debido a que las fuerzas de rozamiento disipan cada vez más energía de la corriente de aire. Llega un punto desde el borde de la superficie, denominado de transición, en el que la capa límite empieza a sufrir perturbaciones de tipo ondulatorio, cuando algunas partículas adquieren velocidad transversal respecto de la superficie. En este momento, aparecen partículas fluidas que cambian de línea de corriente, lo que da lugar a un aumento considerable del espesor de la capa límite y a la desaparición de la capa laminar, pasando a ser turbulenta. Una partícula fluida se moverá por su línea de corriente paralela a la superficie sin mezclarse con las de otras líneas de corriente; sin embargo, al llegar a una capa límite turbulenta, puede adquirir componente de velocidad transversal y mezclarse con las partículas de otras líneas de corriente.

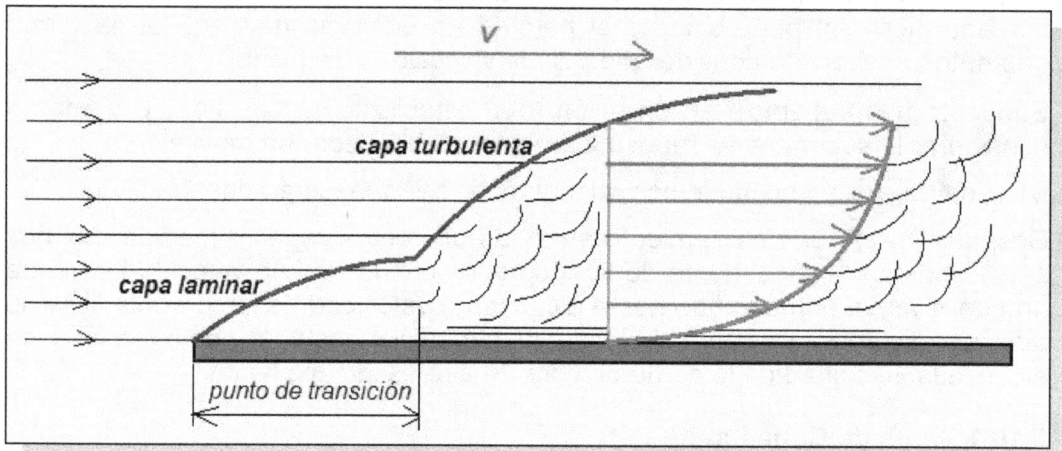

En la capa turbulenta, las partículas de aire se mueven en cualquier dirección de forma caótica. También se produce:

- Aumento del espesor de la capa límite
- Aumento de la velocidad de las partículas al incorporar componente de velocidad transversal.
- Aumento de la resistencia de fricción ya que $F = \rho \dfrac{dv}{dy}$ y el gradiente de velocidades *dv/dy* aumenta.

Es importante en la práctica minimizar la resistencia de fricción, por lo cual, será imprescindible contar con una capa límite laminar lo más grande posible, retrasando lo máximo que se pueda el punto de transición.

En la capa límite turbulenta, se comprueba que las partículas se mueven transversalmente a la superficie, excepto en las proximidades a ésta donde existe una capa de espesor muy pequeña de carácter laminar denominada *subcapa laminar*. Esto es, se mantiene una pequeña zona dentro de la capa turbulenta, adherida a la superficie donde el aire se mueve de forma laminar.

Mediante la capa límite y, en particular desde la laminar, se transmite la presión que existe en la corriente libre de aire a la superficie en contacto. Esta situación la vamos a aprovechar para definir el concepto de <u>Generación de Sustentación</u>

o para la determinación de velocidades del aire a través de medida de presiones mediante sondas adecuadas.

En el interior de la capa límite no es aplicable Bernoulli, debido a la perdida de energía por rozamientos que este teorema no considera, al tratar la situación de forma ideal. Es decir, en el momento en que consideramos la viscosidad de un fluido, el teorema de Bernoulli no es válido.

En general, se puede decir que un cuerpo es tanto más aerodinámico cuanto más pequeño sea el espesor que genera de capa límite en el interior de un fluido.

2.10.2 Número de Reynolds

Permite buscar la posición exacta del punto de transición con respecto del cuerpo introducido en la corriente libre de aire. Viene descrito como:

$$RN = \frac{\rho v l}{\mu}$$

- ρ- densidad del fluido
- v- velocidad relativa cuerpo-fluido
- l- distancia del punto de transición con respecto del borde de ataque del cuerpo
- μ- coeficiente de viscosidad del fluido

RN se interpreta en la práctica como la relación entre las fuerzas de inercia o convectivas y la fuerza de viscosidad entre el cuerpo y el fluido donde se sumerge.

$$RN = \frac{F_{inercia}}{F_{viscosidad}}$$

- Un *RN* pequeño significa que predominan las fuerzas de viscosidad y, por tanto, la capa límite es laminar (flujo laminar).
- Un *RN* grande implica un predominio de las fuerzas de inercia, lo cual produce capa límite turbulenta (flujo turbulento).

Por ejemplo, en el aire un $RN \leq 5.10^5$ mantiene un flujo laminar.

2.11 TORBELLINOS (VORTEX)

Si en una masa de fluido introducimos un cuerpo con forma cilíndrica en rotación sobre su eje longitudinal, debido a la viscosidad, este movimiento se va a transferir en forma de torbellinos a las partículas fluidas a su alrededor.

Las partículas de fluido adquieren velocidades tangenciales proporcionales a *1/r*, con *r* el radio de la sección cilíndrica, siendo máximas para las de la capa adherida al cilindro.

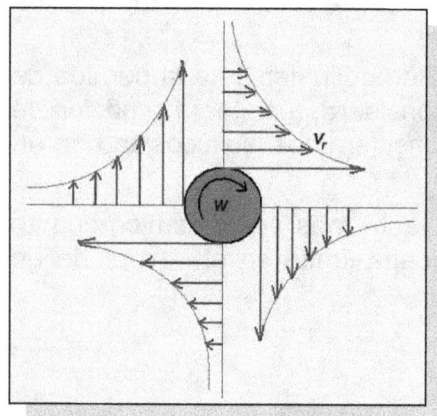

A medida que nos alejamos del cilindro, la influencia que ejerce sobre la corriente fluida es cada vez más pequeña, por lo que el gradiente de velocidades tangenciales es negativo.

$$v_r r = K \begin{cases} v_r - \text{velocidad tangencial a la distancia } r \\ r - \text{distancia al centro de rotación} \\ K - \text{constante} \end{cases}$$

En la práctica, una corriente turbillonaria, torbellinos o remolinos, se forman cuando entre dos capas de fluido existe una diferencia de velocidades, es decir, una discontinuidad de velocidad entre dos capas fluidas contigüas: si la diferencia de velocidad es elevada, la intensidad del torbellino será también alta.

2.11.1 Ejemplos de situaciones turbillonarias

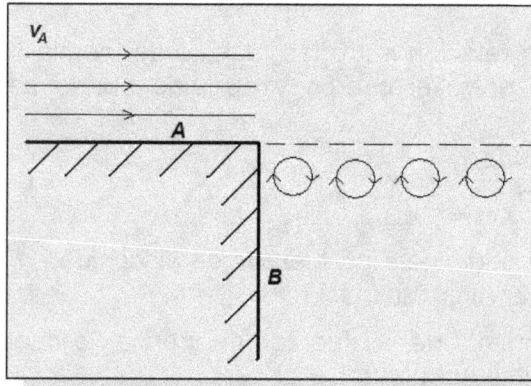

Caso 1: Supuesta una esquina entre dos paredes; existe una corriente de aire a lo largo de la pared A, mientras que el aire en la pared B está en reposo.

Cuando se encuentran las dos capas de aire (capa de coincidencia) se forman torbellinos ya que la capa A transfiere partículas sobre la B, generando fuerzas transversales que inducen a su formación por la diferencia de velocidades entre partículas.

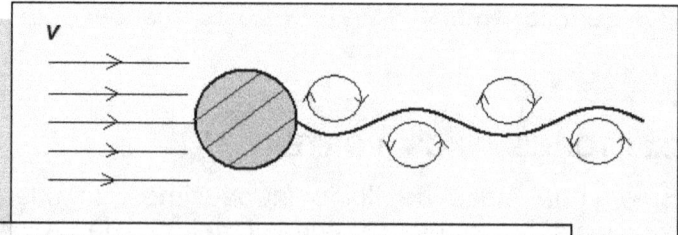

Caso 2: Dada una bandera sobre su Mástil. El aire incidente que choca contra las secciones cilíndricas del mástil genera torbellinos entre las dos caras flexibles de la bandera, al encontrarse con partículas de aire en reposo alrededor de la propia bandera. Éstos tendrán sentidos contrarios en cada uno de los lados.

TEMA 3 - FUERZAS AERODINÁMICAS

3.1 Giros alrededor de los ejes característicos de la aeronave

Se nombran como actitud de la aeronave, definida alrededor de un sistema de ejes perpendiculares entre sí y con origen el centro de masas de la misma:

- Eje longitudinal x: Actitud de Balanceo o alabeo ("roll").
- Eje transversal y: Actitud de Cabeceo ("pitch"); encabritamiento si el cabeceo es positivo (morro arriba) o picado si el cabeceo es negativo (morro abajo).
- Eje vertical z: Actitud de Guiñada ("yaw").

Además de la actitud, alrededor de los ejes x,y,z es importante conocer el régimen de actitud ("attitud rate"). Se trata de la variación a lo largo del tiempo de la actitud considerada, es decir, de una velocidad angular. De esta manera, tenemos "roll rate", "pitch rate" y "yaw rate", que te indican con que velocidad se están produciendo los cambios en "roll", "pitch" y "yaw", respectivamente.

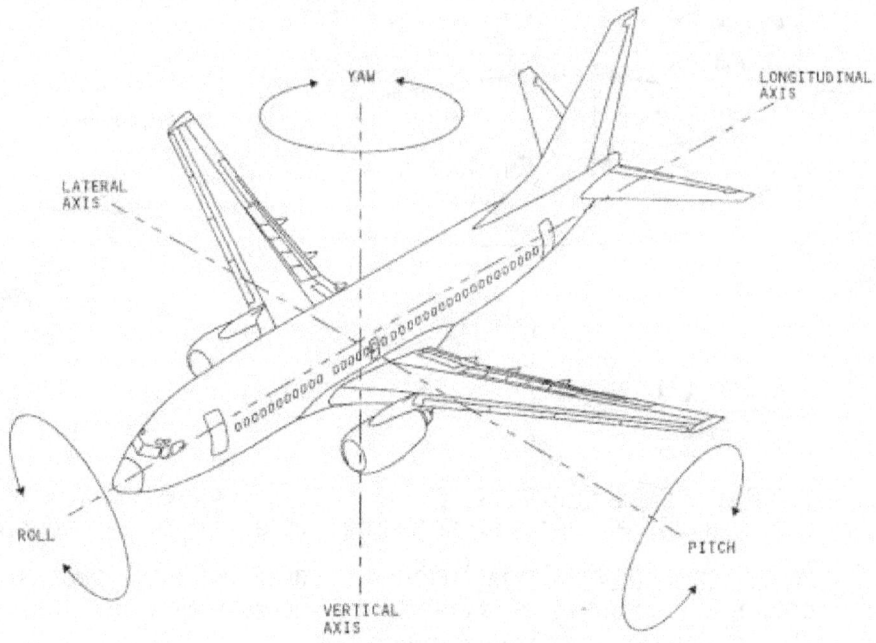

3.2 Teoría de Perfiles

Estudio de la geometría de los denominados perfiles aerodinámicos.

Un Perfil es una sección transversal de una superficie aerodinámica, como puede ser el ala o algún estabilizador. Los parámetros característicos de un perfil son:

- Borde de ataque o "leading edge" (b.a. o L.E.)- Zona anterior del perfil donde se presenta el punto de remanso o punto de impacto.
- Borde de salida o "trailing edge" (b.s. o T.E.)- Zona posterior del perfil por donde sale el aire incidente.
- Extradós- Parte superior del perfil.
- Intradós- Parte inferior del perfil.
- Cuerda o "chord"- Línea recta imaginaria que une los bordes de ataque y de salida.
- Línea media- Línea equidistante (misma distancia) entre extradós e intradós que divide en dos zonas simétricas el perfil uniendo el borde de ataque con el borde de salida.

En función de la línea media, los perfiles se clasifican en:
- de curvatura positiva: la línea media está por encima de la cuerda.
- de curvatura negativa: la línea media está por debajo de la cuerda.
- de doble curvatura: la línea media pasa por ambos lados de la cuerda.

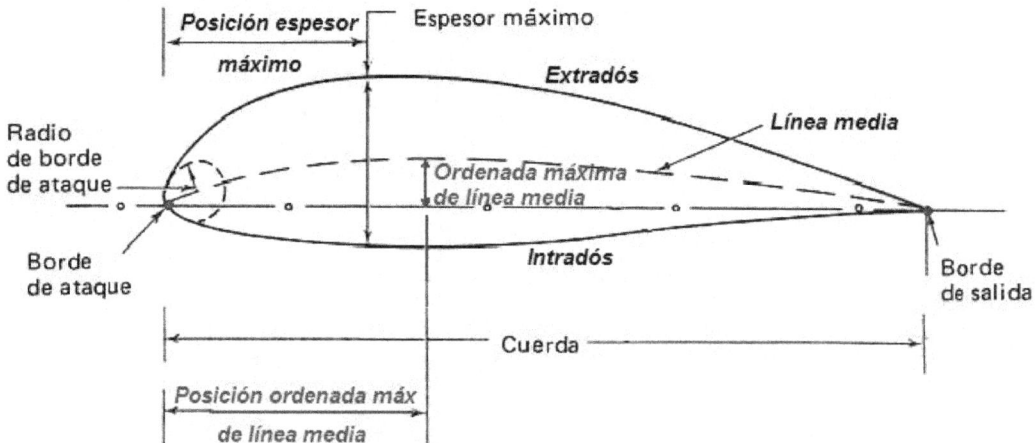

- Ordenada máxima de línea media- Máxima distancia entre línea media y cuerda. El valor suele darse en porcentaje de la longitud de la cuerda.
- Espesor o espesor máximo- Anchura máxima del perfil expresada en porcentaje de la longitud de la cuerda. Suele variar entre un 3% para los más delgados a un 24% para los más gruesos.
- Radio de curvatura del borde de ataque - Radio del círculo tangente a extradós e intradós que contiene el borde de ataque. También existe el de borde de salida, aunque es muy pequeño y, por eso no se suele definir.
- Ángulo de ataque (α)- Ángulo definido por la cuerda del perfil con la dirección de la corriente de aire incidente sobre el borde de salida.

- Ángulo de ataque para sustentación nula (α_0)- Ángulo de ataque del perfil para el que la sustentación producida es cero.

3.3 Clasificación de Perfiles

En función del tipo de curvatura del perfil, tenemos,

- *Simétricos*: Con curvatura nula. Si el ángulo de ataque es cero, la sustentación producida también es nula.
- *Asimétricos*: Con curvatura no nula, habitualmente positiva. Ángulo de ataque para sustentación nula distinto de cero.

3.4 Fuerzas aerodinámicas alrededor de la aeronave

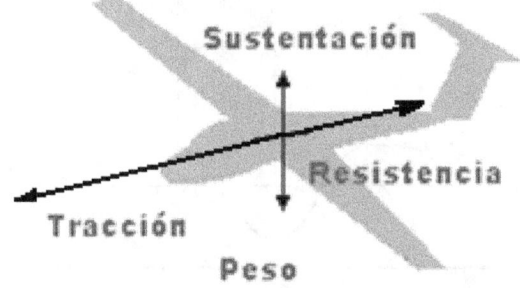

- Sustentación o "lift" (L): Fuerza perpendicular a la corriente del aire y sentido hacia arriba.
- Resistencia o "drag" (D): Fuerza en la dirección de la corriente del aire y dirigida hacia atrás, oponiéndose al movimiento de la aeronave.
- Peso o "weight" (W): Producida por la gravedad y dirigida hacia abajo, apuntando al centro de la tierra.
- Tracción o "traction" (T): Fuerza generada por la planta de potencia y dirigida hacia delante, en la dirección del eje longitudinal de la aeronave.

3.5 Distribución de Presiones alrededor de un cilindro. Paradoja de D'Alambert

Supuesto un fluido perfecto, esto es, incompresible y sin viscosidad, en movimiento con una velocidad *v*. Si introducimos un cilindro en el fluido (aire) y observamos velocidades y presiones de las partículas fluidas a su alrededor, se obtiene:

- 1 (zona del aire sin perturbar): parámetros del aire sin perturbar P_1, v_1

- 0 (zona de condiciones de remanso): desde 1 hasta 0, la presión va aumentando hasta alcanzar su máximo en este punto, donde la velocidad de las partículas es nula (mínimo). Se habla de una **sobrepresión** por impacto con el cilindro ($P_0 = P_t$).

- 2 (zona del aire de máxima perturbación): estrechamiento máximo de las líneas de corriente y, por tanto, su velocidad se hace máxima y las presiones mínimas. Se produce una **depresión** generada por la forma del cilindro en el fluido.

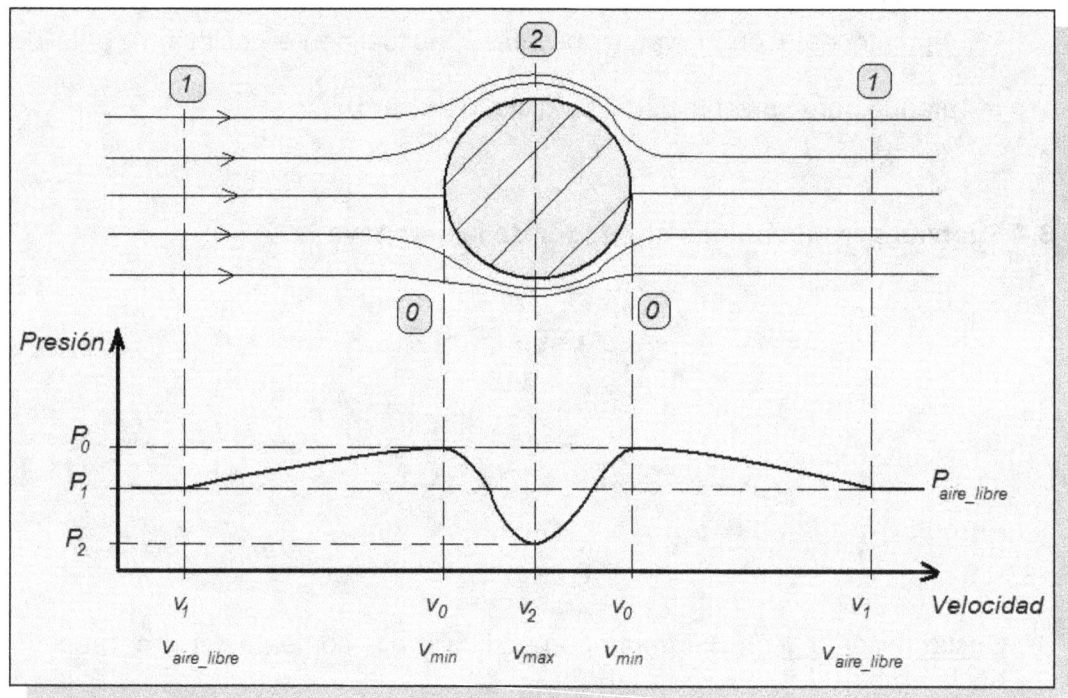

Aplicando Bernoulli <u>entre 0 y 1</u>: $P_t = P_1 + \frac{1}{2}\rho v_1^2$, ya que $v_0 = 0$ y $P_0 = P_t$

por tanto, $P_t > P_1$

Aplicando Bernoulli <u>entre 1 y 2</u>: $P_1 + \frac{1}{2}\rho v_1^2 = P_2 + \frac{1}{2}\rho v_2^2$, y despejando,

$P_1 = P_2 + \frac{1}{2}\rho(v_2^2 - v_1^2)$ y como $v_2 > v_1 \Rightarrow P_1 > P_2$

por tanto: $P_t > P_1 > P_2$

Si a la presión del aire libre la denominamos presión atmosférica, se observa que por el simple hecho de introducir el cilindro en el aire en movimiento hay zonas a su alrededor donde se producen sobrepresiones respecto a la atmosférica y, otras, donde se generan depresiones respecto a la misma.

Se van a nombrar como **Presiones negativas** aquellas inferiores a las de la atmosfera y **positivas** las que son superiores.

Si adaptamos el grafico anterior a lo planteado, obtenemos una distribución de presiones alrededor del cilindro como la siguiente,

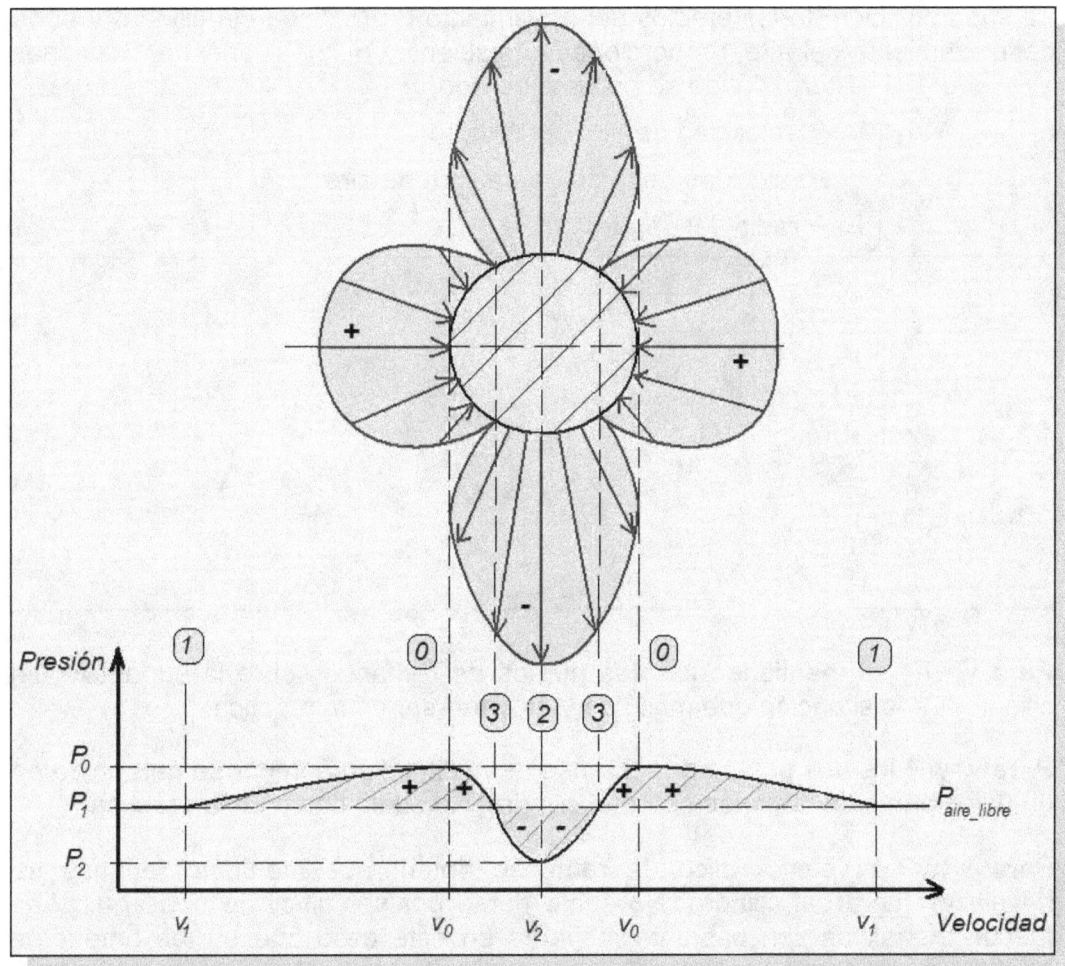

La distribución de presiones obtenida alrededor del cilindro es simétrica al considerar un fluido de características ideales. En realidad, los vectores que se "pintan" representan la distribución de fuerzas que el fluido ejerce sobre la superficie externa del cilindro.

Las presiones negativas, entre 3-2 y 2-3, representan fuerzas de succión hacia el exterior del cilindro, producidas por la depresión existente. A menor presión, mayor fuerza negativa.

Las presiones positivas, entre 1-3 y 2-3, representan fuerzas de compresión hacia el interior del cilindro, producidas por la sobrepresión existente. A mayor presión, mayor fuerza positiva.

3.6 Efecto Magnus

Si aplicamos una velocidad de giro *w* constante alrededor del eje longitudinal del cilindro introducido en un fluido como el anterior, aparecerá una distribución de velocidades turbillonarias añadida a los efectos ya obtenidos.

La superposición de los efectos del movimiento de rotación del cilindro y el de desplazamiento del aire, proporciona las siguientes distribuciones de presiones alrededor del cilindro, donde se ha considerado,

$$\begin{cases} w \to \text{velocidad de giro del cilindro} \\ v \to \text{velocidad de la corriente libre de aire} \\ R \to \text{radio del cilindro} \end{cases}$$

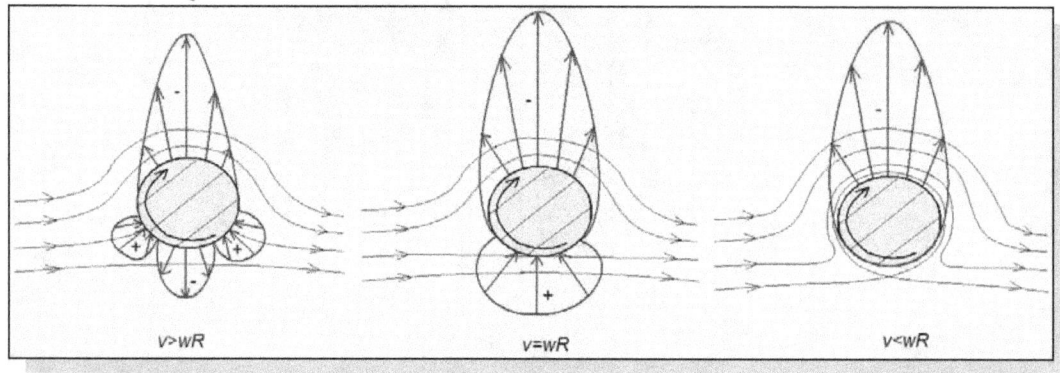

Para v>wR se mantienen los dos puntos de remanso sobre la superficie del cilindro. Es la situación que más nos va a interesar en la práctica.

Para v=wR los dos puntos de remanso de la situación anterior se han unido en un único punto de remanso sobre el cilindro. No suele darse en la práctica.

Para v<wR el punto único de remanso anterior se mantiene, aunque se desplaza <u>fuera</u> del cilindro. No suele darse por ser difícil de conseguir. Las fuerzas negativas son bastante mayores en este caso que en los anteriores para los mismos valores de *v* y *w*.

Por tanto, tenemos que un cilindro en rotación alrededor de su eje longitudinal es capaz de generar una fuerza vertical de ascenso, dependiendo de la relación que guarda esa rotación con la velocidad del aire en movimiento: la combinación apropiada de estas dos velocidades puede generar <u>sustentación</u>.

3.7 Fuerza resultante sobre un perfil aerodinámico. Centro de Presiones

El efecto magnus es aplicable al caso de un perfil aerodinámico, sólo que ahora la rotación necesaria del cilindro para conseguir este efecto, se sustituye por una forma geométrica adecuada.

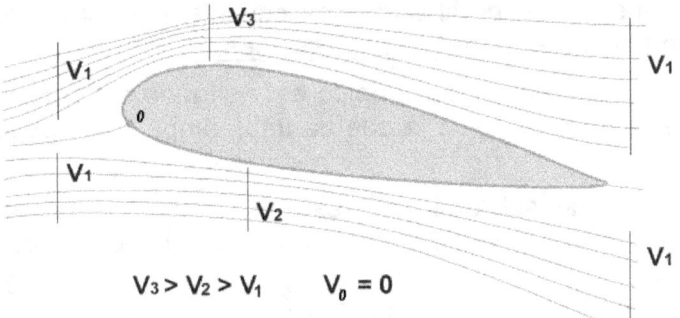

$V_3 > V_2 > V_1 \quad V_0 = 0$

Se trata de que en el extradós la velocidad de las partículas sea superior a la que tienen en el intradós ($v_3 > v_2$). De esta forma hay más presión en el intradós que en el extradós, lo que produce una fuerza vertical hacia arriba

Para un perfil simétrico, la distribución de presiones obtenida en función del ángulo de ataque, puede ser como se indica en los ejemplos a continuación:

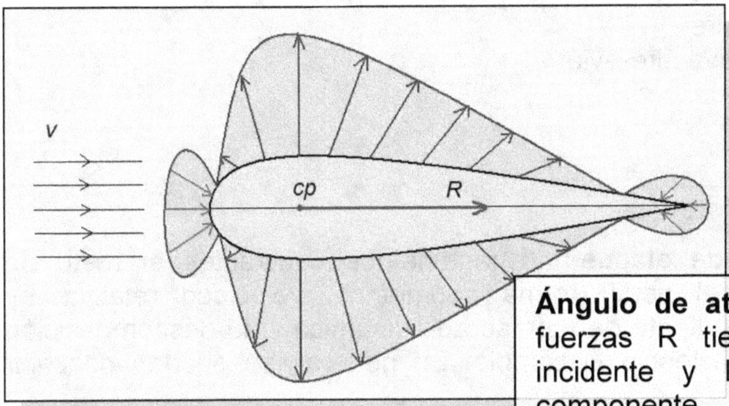

Ángulo de ataque nulo: la resultante de fuerzas R tiene la dirección del viento incidente y la de la cuerda; no hay componente vertical de fuerzas (sustentación), sólo horizontal (resistencia).

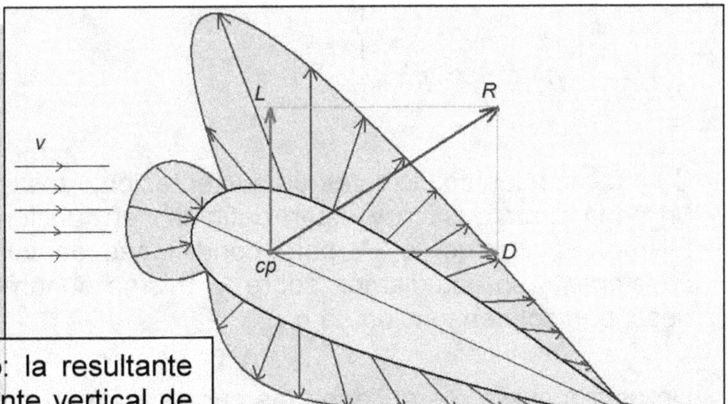

Ángulo de ataque positivo: la resultante de fuerzas R tiene componente vertical de fuerzas (sustentación o "lift") y componente horizontal (resistencia o "drag") opuesta al movimiento.

El punto característico del perfil donde se considera aplicada la resultante de fuerzas aerodinámicas es el <u>centro de presiones.</u>

El centro de presiones en un perfil típico está situado aproximadamente en la posición un cuarto (¼ o 25%) de la cuerda total, empezando desde el borde de ataque.

La resultante de fuerzas sobre el perfil, es función de la diferencia de presiones entre extradós e intradós y, viene descrita por la presión dinámica q:

$$q = \frac{1}{2}\rho v^2$$

En definitiva, las variables del aire que afectan a las fuerzas aplicadas sobre el avión son:

- La forma geométrica de cada uno de los perfiles aerodinámicos utilizados.
- La extensión o superficie alar, así como su forma en planta.
- La densidad del aire.
- La velocidad relativa aire-avión.
- El ángulo de ataque.

3.8 Sustentación y Resistencia

Si variando el ángulo de ataque α, mantenemos constantes el resto de parámetros alrededor del perfil (forma geométrica, velocidad relativa y densidad del aire), la resultante de fuerzas aerodinámica y su descomposición en sustentación L y resistencia D cambia. En general, se pueden describir como:

$$\begin{cases} L = \frac{1}{2}\rho v^2 S c_L = qSc_L \\ D = \frac{1}{2}\rho v^2 S c_D = qSc_D \end{cases} \quad \text{Donde,} \quad \begin{cases} q = \text{Presión dinámica del aire} \\ S = \text{superficie alar} \end{cases}$$

C_L y C_D son los coeficientes de sustentación y resistencia, respectivamente, de un perfil característico y están definidos en función del ángulo de ataque del mismo. El término "$q \cdot S$", para condiciones de vuelo estables, se considera constante si lo estudiamos sobre la misma superficie y, por eso C_L y C_D se describen sólo en función de α.

De esta manera, se obtienen las curvas correspondientes a estos coeficientes aerodinámicos, en función del ángulo de ataque,

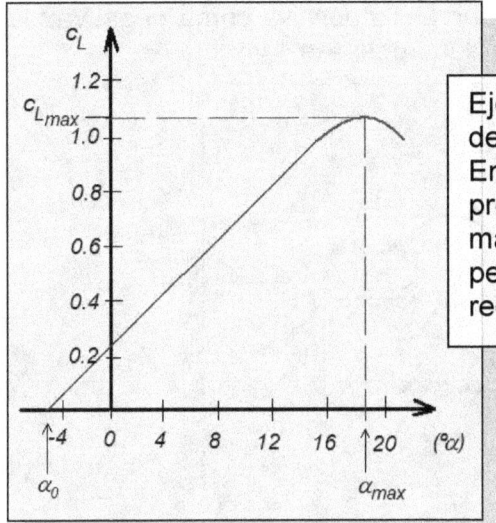

Ejemplo de perfil asimétrico, donde el ángulo de sustentación nula (α_0) es distinto de cero. Entre los puntos indicados, el perfil trabaja sin problemas. Por encima del ángulo de ataque máximo, comienza la entrada en pérdida del perfil y el coeficiente de sustentación se reduce, hasta que se pierde por completo.

C_D siempre es positivo y distinto de cero, para todo ángulo de ataque. Un aumento de ángulo de ataque implica un aumento parabólico del coeficiente de resistencia.

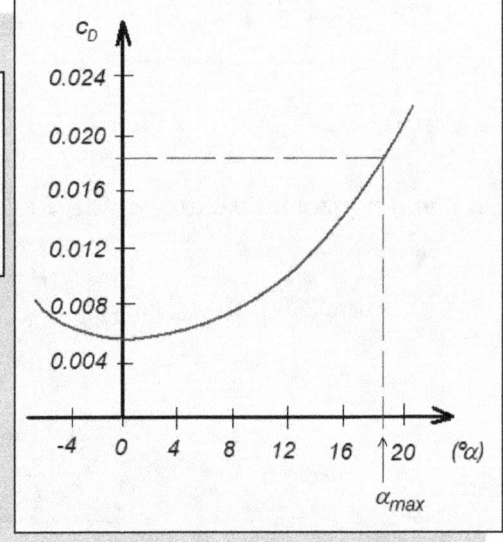

3.9 Influencia de la forma del perfil sobre C_L

La curva característica de $C_L(\alpha)$ es distinta para cada perfil, dependiendo de su forma geométrica:

- <u>En perfiles simétricos</u>: Pasa siempre por el origen de coordenadas, es decir, para ángulo de ataque cero se obtiene coeficiente de sustentación cero.
- <u>En perfiles asimétricos</u>: Para ángulo de ataque cero existe un coeficiente de sustentación positivo si el perfil es de curvatura positiva o negativo si el perfil es de curvatura negativa. El ángulo de sustentación nula es

habitualmente negativo tanto para curvatura positiva como negativa; se amplía así el rango de ángulos de ataque posibles.

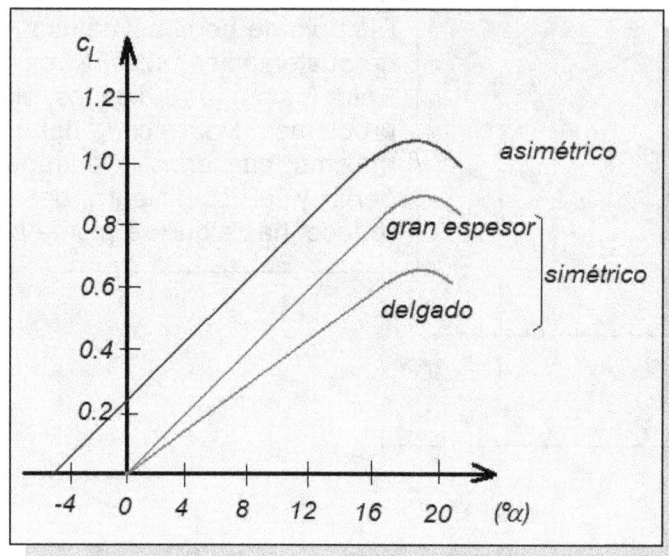

$L = \frac{1}{2}\rho TAS^2 Sc_L$ y como $\rho_0 EAS^2 = \rho TAS^2$ Entonces, $L = \frac{1}{2}\rho_0 EAS^2 Sc_L$

En vuelo horizontal o situación de vuelo de crucero se debe cumplir que, $L=W$

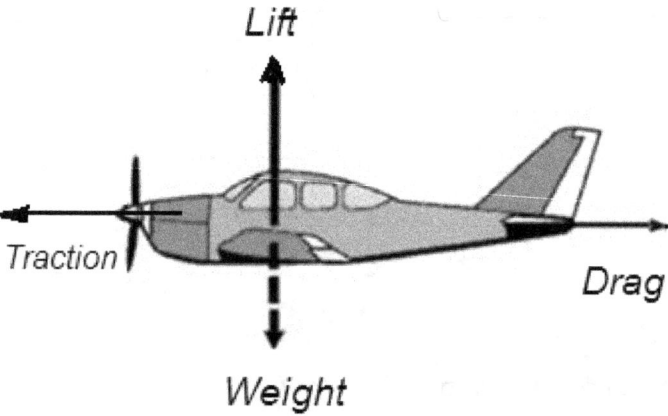

Para mantener la situación de vuelo de crucero, a gran velocidad c_L es un valor pequeño, es decir, se consigue con poco ángulo de ataque. Sin embargo, si la velocidad de la aeronave va disminuyendo, por ejemplo, en situación de aproximación y se pretende mantener el nivel de vuelo, el valor de c_L debe incrementarse y, por tanto, el ángulo de ataque. Existirá una velocidad mínima de mantenimiento del vuelo horizontal asociada a un c_{Lmax}, por debajo de la cual el avión comienza a descender al no conseguir mantener una sustentación que compense su peso.

3.10 Influencia de la viscosidad. Desprendimiento de la capa límite

En el ejemplo teórico considerado anteriormente, donde usábamos un cilindro con o sin movimiento de rotación en el interior de un fluido, no se han tenido en cuenta los efectos de la viscosidad. Si la consideramos, se obtienen unas velocidades para las partículas fluidas alrededor del cilindro algo diferentes, que van a generar una distribución de presiones distinta a la proporcionada en la paradoja de D'Alambert.

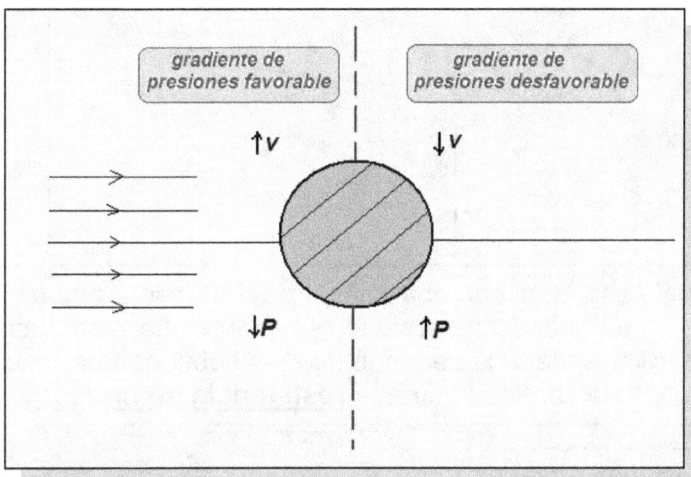

Vamos a definir alrededor del cilindro dos tipos de gradiente de presiones:

- <u>Gradiente de presiones favorable</u>: Siguiendo la dirección del aire incidente, las velocidades de las partículas van aumentando, obteniéndose un máximo en la parte superior del cilindro; zona donde el gradiente de presiones es negativo, es decir, van disminuyendo hasta alcanzar su mínimo valor.

- <u>Gradiente de presiones desfavorable</u>: Siguiendo la dirección del aire incidente, las velocidades de las partículas van disminuyendo hasta alcanzar el punto de remanso a la derecha de la superficie del cilindro (sin viscosidad); zona donde el gradiente de presiones es positivo, es decir, van aumentando hasta alcanzar su valor máximo.

En un fluido real, debido a la viscosidad (fuerzas de rozamiento entre capas), la velocidad de las partículas es menor a la prevista de forma ideal. De esta manera, en la zona de gradiente de presiones desfavorable, donde la velocidad de las partículas es cada vez menor, el punto de remanso en el cilindro va a aparecer en una zona distinta a la prevista de forma ideal.

La combinación del gradiente de presiones desfavorable y de la viscosidad del fluido, adelanta la aparición del punto de remanso y produce una inversión de velocidades de la corriente de aire en la superficie del cilindro. En este punto, se irán acumulando las partículas y se producirá el desprendimiento de la capa límite que provoca la formación de torbellinos: aparece una estela turbillonaria amortiguada a cierta distancia del cuerpo.

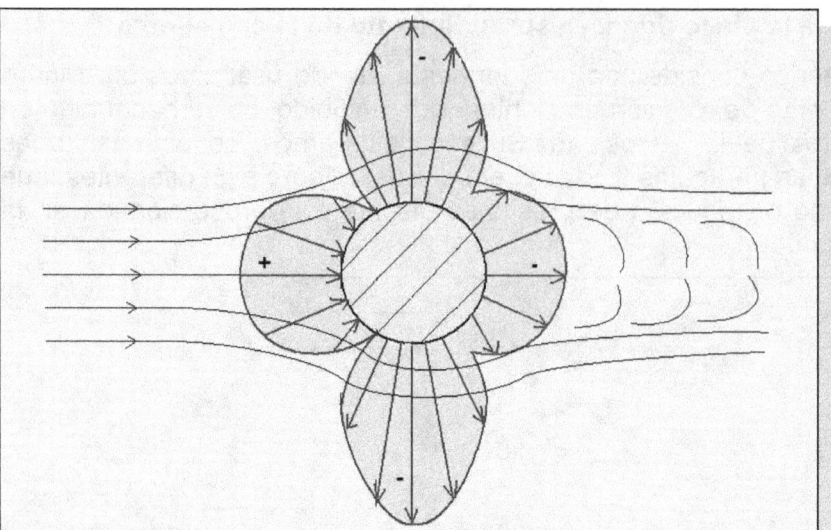

La simetría del caso ideal con dos puntos de remanso a ambos lados del cilindro sin rotación, considerando viscosidad, se pierde. La distribución de presiones alrededor del cilindro deja de ser simétrica y se obtiene una resultante de fuerzas en la dirección de la corriente llamada **resistencia de presión.**

El desprendimiento de la capa límite se produce a bajas velocidades, cuando existan partículas dentro de ella con velocidades casi nulas y en la zona de gradiente de presiones desfavorable.

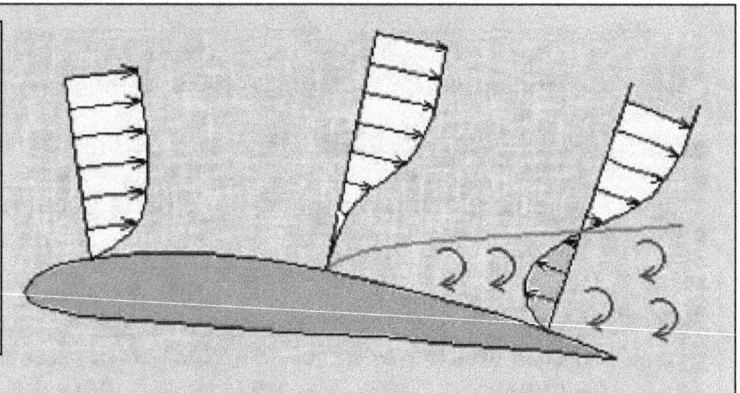

La zona de gradiente de presiones desfavorable en un perfil aparece a partir del punto de espesor máximo, hacia el borde de salida.

3.11 Efecto Coanda

Es una posible solución para disminuir el desprendimiento de la capa límite por la zona del borde de salida de un perfil aerodinámico. Si el problema está en la pérdida de energía cinética por parte de algunas partículas que reducen su velocidad al mínimo, introduciendo un chorro de aire sobre la superficie sustentadora en la dirección del movimiento de la corriente, se comunica energía a la capa límite y, de esta forma, consigue adherencia evitando su desprendimiento.

Los dispositivos que se usan para conseguir el efecto coanda son:

- **Ranuras y flaps ranurados**- Conductos de comunicación entre intradós y extradós: la diferencia de presiones entre ambos suministra aire con energía cinética desde el intradós hacia el extradós.
- **Sopladores de capa límite**- Mandan aire desde el interior del avión hacia el ala sobre el borde ataque. Normalmente desde el motor, utilizando sangrado neumático ("engine bleeding").
- **Aspiradores de capa límite**- Agujeros localizados en los puntos donde se desprende la capa límite, que absorben el aire que obstruye las líneas de corriente en movimiento, disminuyendo la presión y, por tanto, aumentando la adherencia de la capa límite. La fuerza de absorción procede del sistema neumático.

3.12 Componentes de la Resistencia Aerodinámica

La resistencia aerodinámica ("Drag") es la fuerza que se opone al avance de la aeronave en el aire.

La Resistencia está compuesta por la suma de las siguientes resistencias:

$$D = D_p + D_i$$

1. Resistencia Parasita (D_p)
2. Resistencia Inducida (D_i)

Lo mismo ocurre con sus coeficientes de resistencia:

$$c_D = c_{Dp} + c_{Di}$$

1. Resistencia Parasita (D_p): Es la producida por todas aquellas componentes que no contribuyen a la sustentación de la aeronave. Viene dada por:

$$D_p = D_{fricción} + D_{presión} + D_{adicionales} + D_{interferencia}$$

Siendo $D_{fricción} + D_{presión} = D_{perfil} = 0$, en un fluido ideal

C_{Dp} es prácticamente constante para ángulos de ataque pequeños.

Resistencia de presión o de forma: La que aparece por la distribución de presiones real en el perfil al considerar el efecto de la viscosidad.

La estela de torbellinos creada por el desprendimiento de la capa límite será de un espesor mayor y se desprenderá antes para una capa laminar que para una turbulenta. Esto se debe a que si el desprendimiento es de la capa laminar es porqué la turbulenta ya se ha desprendido. Por tanto, la longitud de desprendimiento sobre capa laminar es mayor que cuando sólo hay desprendimiento de capa turbulenta. En este sentido, la resistencia de presión será mayor cuando hay desprendimiento de capa laminar que cuando ésta es sólo de capa turbulenta.

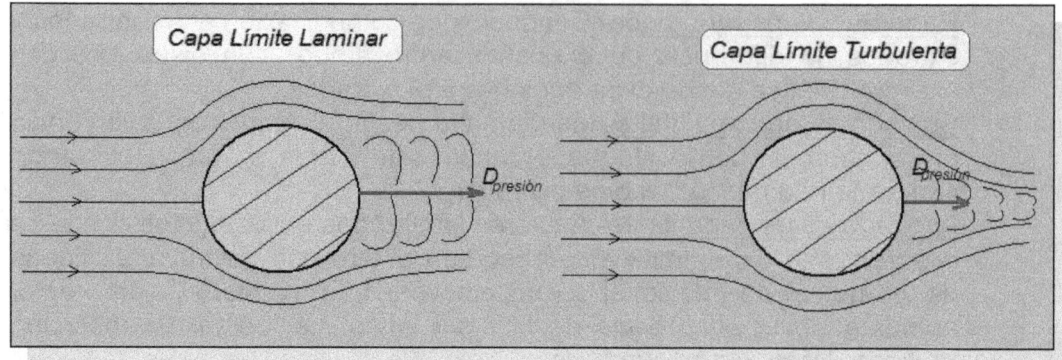

Resistencia de Fricción o de Viscosidad: La dada por las fuerzas de rozamiento entre capas, debido a la viscosidad de la corriente de aire.

Resistencias adicionales: Las correspondientes a aquellos componentes del avión no aerodinámicos, esto es, no diseñados para generar sustentación.

Por ejemplo, el fuselaje, cola, antenas, góndolas de motor, ...

Resistencia de Interferencia: Diferencia entre la Resistencia Total y la obtenida al sumar por separado la generada por cada uno de los componentes de la aeronave (aerodinámicos o no). Depende de la posición relativa de unos componentes con respecto a otros.

Por ejemplo, resistencia añadida por el acoplamiento ala-fuselaje.

2. Resistencia inducida (D_i): Es la producida por aquellos elementos de la aeronave usados para generar sustentación, teniendo en cuenta que a ésta siempre le acompaña una resistencia.

$$\left. \begin{array}{l} c_L = c_L(\alpha) \\ c_D = c_D(\alpha) \end{array} \right\} \implies c_L = c_L(c_D)$$

Existe una relación directa entre L y D que es la proporcionada por la D_i.

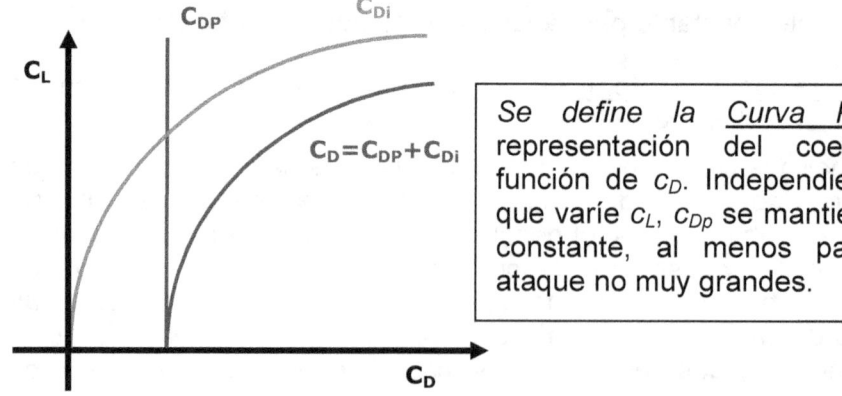

Se define la *Curva Polar* como la representación del coeficiente c_L en función de c_D. Independientemente de lo que varíe c_L, c_{Dp} se mantiene con un valor constante, al menos para ángulos de ataque no muy grandes.

3.13 Variación del Centro de Presiones con el Ángulo de Ataque

El centro de presiones viene dado por el punto aplicación de la fuerza resultante sobre el perfil debido a la distribución de presiones características alrededor del mismo. Normalmente se sitúa alrededor del 25% de la cuerda efectiva desde el borde de ataque (tener en cuenta que la cuerda efectiva no tiene porqué coincidir con la cuerda geométrica). Por ello, sólo depende de:

- La Forma del perfil.
- El Ángulo de ataque.

Si el ángulo aumenta, también aumentan las presiones negativas en el extradós inclinándose la distribución de fuerzas hacia la dirección del aire incidente, por lo que el centro de presiones se desplaza hacia el borde de ataque.

3.14 Perfiles Aerodinámicos NACA

NACA ("National Advisory Commitee for Aeronautics"), actualmente NASA ("National Advisory for Space and Aeronautics"), estableció de forma experimental un conjunto de diferentes tipos de perfiles y criterios de desarrollo, que hoy se usan en todo el mundo como estándar.

Cada perfil aerodinámico se indica como NACA y un número de 4, 5 o 6 cifras.

Se trata de describir las características de asimetría por un lado, las de simetría por otro lado y sumar ambos resultados. Esto es, con referencia a un eje horizontal que representa la cuerda, se define la línea media como parámetro de asimetría del perfil; en segundo lugar, alrededor de la referencia vertical se describe el espesor como parámetro de simetría del perfil. La distribución del espesor sobre la línea media representa el conjunto del perfil.

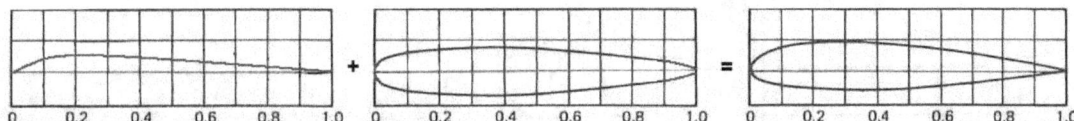

Serie NACA de 4 cifras:

- 1ª cifra: Ordenada máxima de la línea media expresada en porcentaje de la cuerda.
- 2ª cifra: Posición de la ordenada máxima de la línea media expresada en décimas del porcentaje de la cuerda, desde el borde de ataque.
- 3ª y 4ª cifras: Espesor máximo en porcentaje de la cuerda.

Por ejemplo, **NACA4415**: línea media en ordenada máxima 4% de la cuerda, en la posición 40% de la cuerda; espesor máximo del 15% de la cuerda.

NACA0015: perfil simétrico de espesor máximo 15% de la cuerda.

Serie NACA de 5 cifras:

- 1ª cifra: Ordenada máxima de la línea media expresada en porcentaje de la cuerda.
- 2ª y 3ª cifras: Doble de la posición de la ordenada máxima de la línea media expresada en porcentaje de la cuerda, desde el borde de ataque.
- 4ª y 5ª cifras: Espesor máximo en porcentaje de la cuerda.

Por ejemplo, **NACA23015**: línea media en ordenada máxima 2% de la cuerda, en la posición 15% de la cuerda; espesor máximo del 15% de la cuerda.

Serie NACA de 6 cifras:

Utilizada para la descripción de perfiles laminares, a saber, aquellos que mantienen a lo largo del mismo una capa límite de tipo laminar, por lo que se caracterizan por una resistencia de fricción pequeña.

- 1ª cifra: Número de serie que indica la forma de la distribución del espesor.
- 2ª cifra: Posición de la ordenada máxima de la línea media expresada en décimas del porcentaje de la cuerda, desde el borde de ataque.
- 3ª cifra (subíndice): Intervalo de comportamiento laminar alrededor del c_L ideal, expresado en décimas de valor absoluto.
- 4ª cifra: c_L ideal expresado en décimas.
- 5ª y 6ª cifras: Espesor máximo en porcentaje de la cuerda.

Por ejemplo, **NACA64$_1$212**: serie 6, con línea media máxima en la posición 40% de la cuerda; intervalo laminar del ±0.1 alrededor del c_L ideal de valor 0.2; espesor máximo del 12% de la cuerda.

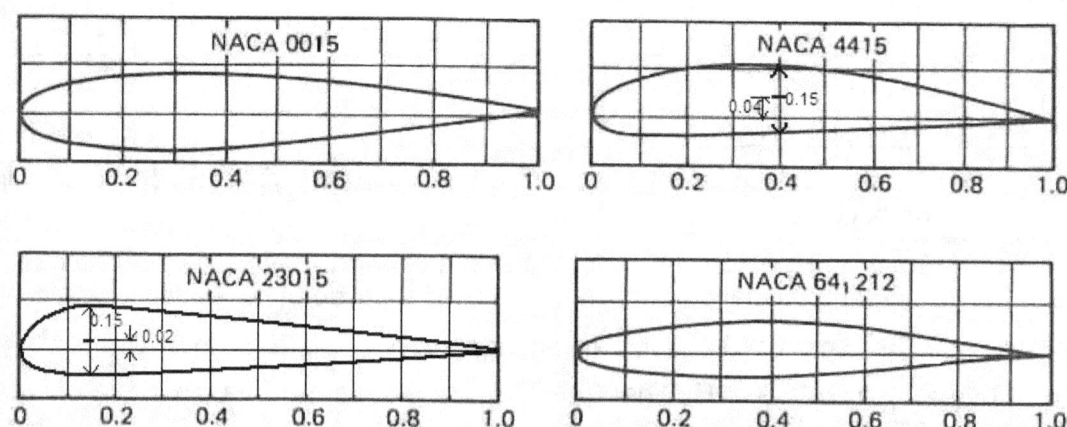

TEMA 4 – FORMA EN PLANTA DEL ALA

4.1 Nomenclatura

1 - Borde de ataque.
2 - Borde de salida.
3 - Intrados.
4 - Extrador.
5 - Espesor.
6 - Cuerda.
7 - Curvatura superior.
8 - Curvatura inferior.
9 - Curvatura media.
10 - Línea 25% de la cuerda.
11 - Cuerda media.
12 - Envergadura.

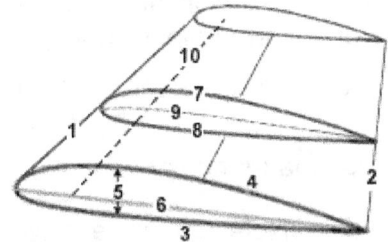

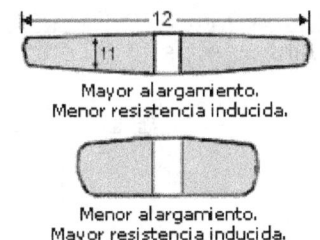

Mayor alargamiento.
Menor resistencia inducida.

Menor alargamiento.
Mayor resistencia inducida.

Superficie alar = Cuerda media * Envergadura

$$\text{Alargamiento} = \frac{\text{Envergadura}}{\text{Cuerda media}}$$

4.2 Terminología del ala

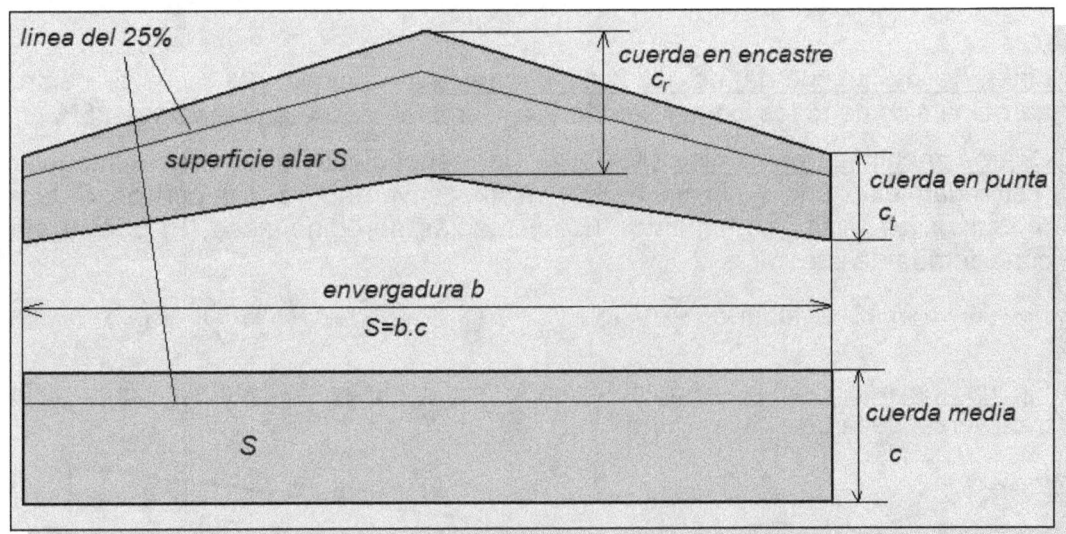

El ala o plano ("wing") está compuesta por dos semialas simétricas, definidas cada una de ellas entre punta ("tip") y encastre ("root").

<u>Superficie alar</u> (S o S_w) – Superficie de las alas considerando la sujeción al fuselaje en el encastre y la parte cubierta por las góndolas.

<u>Línea del borde de ataque</u> – Unión de los bordes de ataque de todos los perfiles del ala.

<u>Línea del borde de salida</u> - Unión de los bordes de salida de todos los perfiles del ala.

<u>Borde marginal</u> – Línea que une las anteriores.

<u>Envergadura</u> (b) – Distancia de punta a punta del ala ("tip to tip").

Cuerda media ("Mean chord") (c) – Aquella que se obtiene de la relación $c \cdot b = S$, debido a que los perfiles de un ala pueden tener cuerdas diferentes a lo largo de la envergadura. Se define como la cuerda de un ala rectangular de misma envergadura y superficie que la que estamos considerando.

Estrechamiento ("Taper ratio") (λ) – Relación de cuerdas entre el perfil de la punta y el perfil del encastre. Es un valor adimensional comprendido entre 0 y 1

$$\lambda = \frac{c_{punta}}{c_{encastre}} \begin{cases} \lambda = 1, \text{ tenemos la misma cuerda en punta y encastre (ala rectangular).} \\ \lambda = 0, \text{ indica un ala triangular.} \end{cases}$$

Alargamiento ("Aspect ratio") (A) – Relación entre envergadura b y cuerda media c. Valor adimensional normalmente mayor que la unidad. Indica si las alas son alargadas y estrechas (aviación comercial o ligera) o cortas y anchas (avión caza).

$$A = \frac{b}{c} = \frac{b^2}{S}$$

Línea ¼ de la cuerda de los perfiles del ala – Línea que une el centro aerodinámico de todos los perfiles del ala. También descrita como línea 25%.

Cuerda media aerodinámica (MAC) – Correspondiente a un ala rectangular (estrechamiento uno y sin flecha) de misma envergadura y superficie S' que produjera los mismos momentos (M) y fuerzas aerodinámicas (F) que el ala considerada de superficie S.

$$S' = b.MAC \text{ tal que, } \sum F(S) = \sum F(S') \text{ y } \sum M(S) = \sum M(S')$$

Flecha ("sweep") (φ) – Ángulo formado por la línea ¼ del ala con el eje transversal de la aeronave. Puede ser:

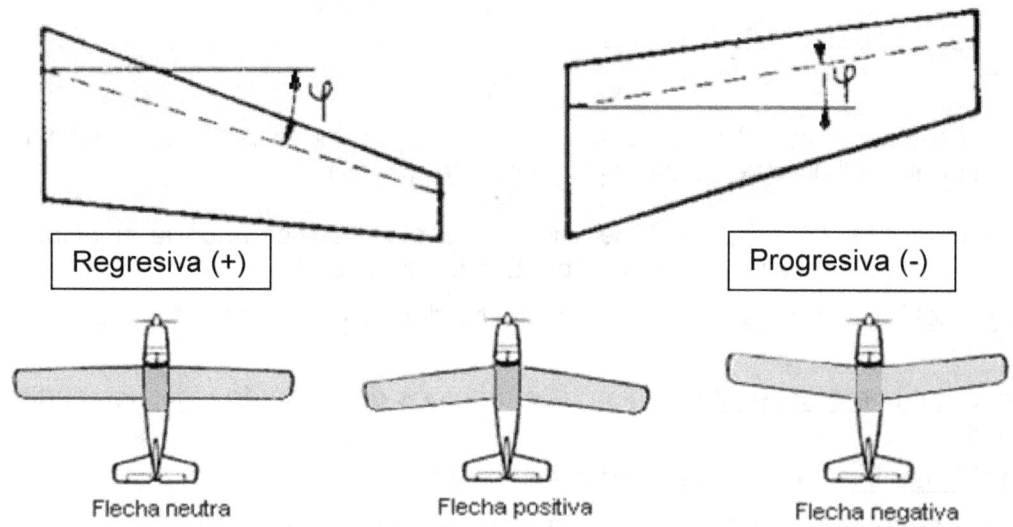

4 Forma en Planta del Ala

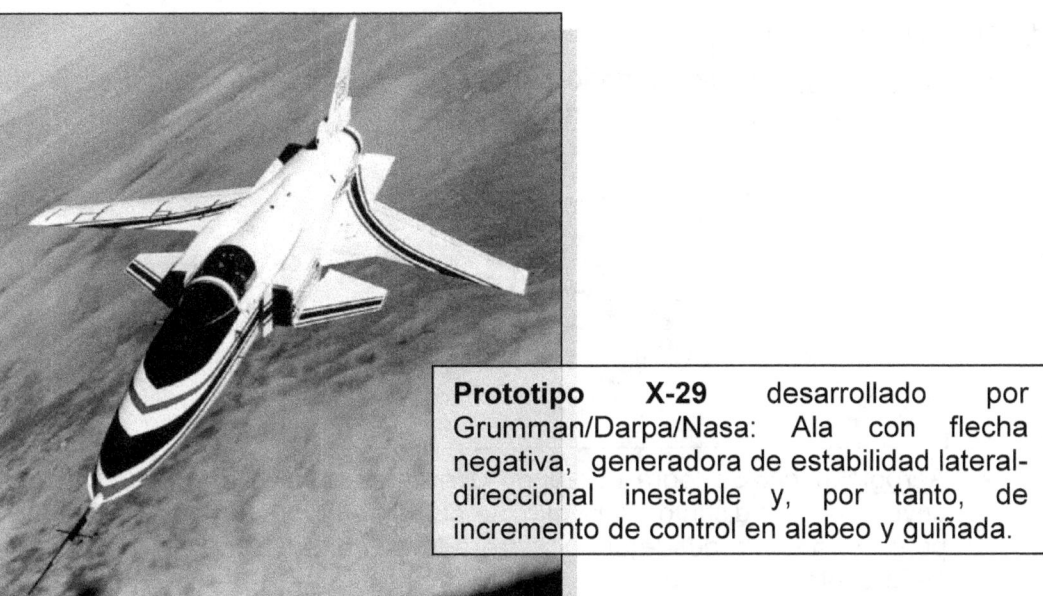

Prototipo X-29 desarrollado por Grumman/Darpa/Nasa: Ala con flecha negativa, generadora de estabilidad lateral-direccional inestable y, por tanto, de incremento de control en alabeo y guiñada.

<u>Diedro</u> (ρ) – Ángulo formado por el plano de un semiala con el plano transversal de la aeronave (ejes x e y). Para ρ>0 → semialas arriba; para ρ=0 → semialas rectas; para ρ<0 → semialas abajo

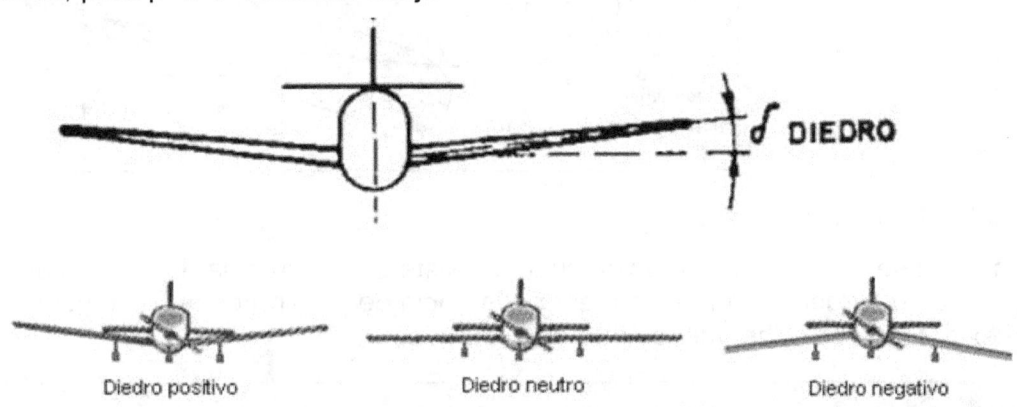

Antonov-225 Mriya: Ala con diedro negativo, compensadora del efecto positivo excesivo por ala alta, gran sección frontal de fuselaje y gran empenaje de cola

Torsión (ε) – Hay 2 tipos:

- **Geométrica**: Ángulo formado por las cuerdas geométricas del perfil del encastre y del perfil de la punta del ala o línea del borde marginal.

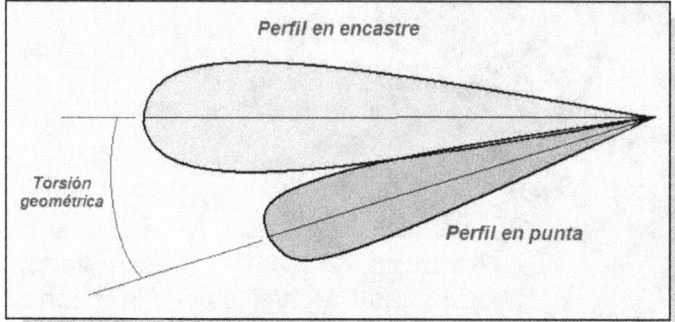

- **Aerodinámica**: Se logra utilizando diferentes perfiles a lo largo del ala, cuyo $\alpha_L=0$ sea distinto. Para ello, se aumenta la curvatura de los perfiles progresivamente desde el encastre a la punta: el C_{Lmax} está en el perfil de la punta.

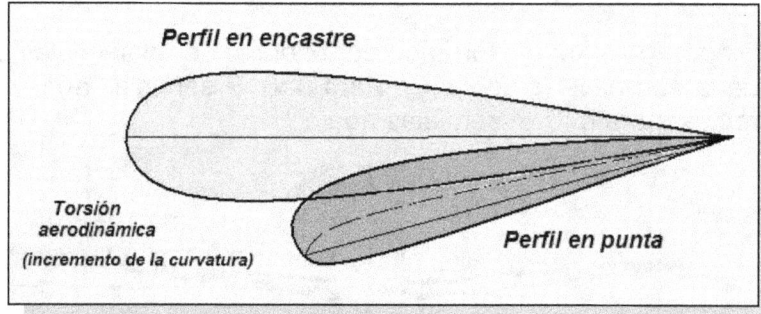

4.3 Sustentación del ala

En el ala se produce sustentación cuando existe una diferencia de presión entre extradós e intradós. En realidad, esta diferencia de presión debe ser tal que en el extradós debe haber menos que en el intradós.

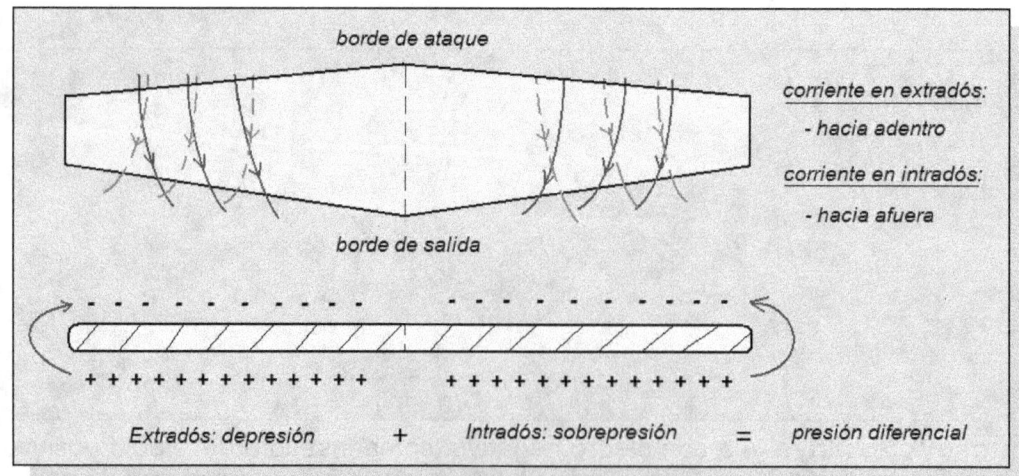

4 Forma en Planta del Ala

De esta manera y, como el ala no tiene una envergadura infinita, a través de los bordes marginales se produce una succión de aire del intradós hacia el extradós, donde existe una presión menor, lo que provoca una corriente de aire vertical.

Por otro lado, la diferencia de presiones extradós-intradós genera corrientes de aire transversales a lo largo de la envergadura del ala y con dirección de abajo a arriba.

En definitiva, no siendo la envergadura del ala infinita, en las puntas la corriente lateral es donde tiene mayor intensidad, produciéndose los denominados torbellinos de punta de ala: combinación de la corriente vertical hacia arriba producida por la diferencia de presiones al terminar el ala en la punta y la corriente de mayor velocidad del extradós generadora de sustentación.

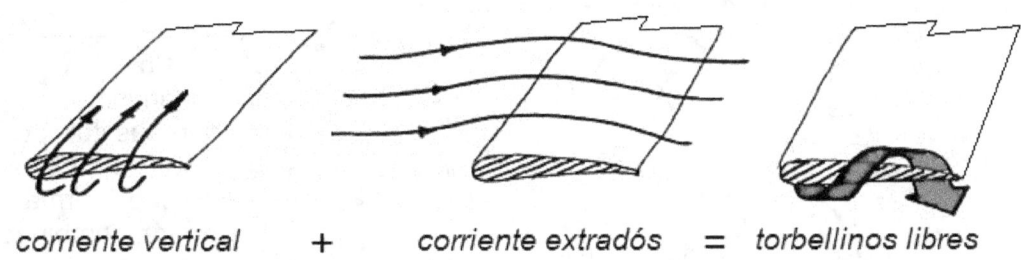

corriente vertical   +   *corriente extradós*   =   *torbellinos libres*

Generación de Torbellinos Libres

La intensidad de los torbellinos libres aumenta si aumenta el ángulo de ataque, por incremento de la diferencia de presiones extradós-intradós. Los torbellinos libres generados en las puntas del ala se quedan atrás cuando el ala se desplaza hacia delante.

La sustentación se obtiene por combinación del movimiento de la corriente libre de aire y la circulación que genera sobre la propia forma del perfil, equivalente al movimiento de rotación de un cilindro en el aire.

Se puede sustituir el ala por un sistema de torbellinos ligados a ella que produzcan de forma equivalente la misma fuerza de sustentación.

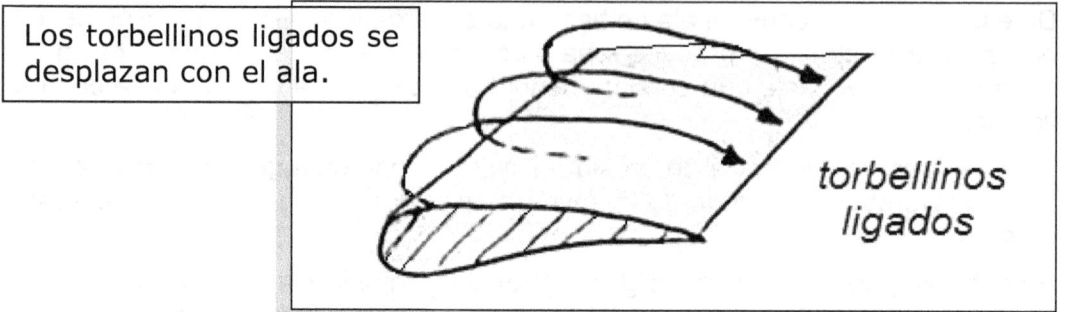

Los torbellinos ligados se desplazan con el ala.

torbellinos ligados

El estudio de la sustentación del ala se reduce al estudio de los sistemas de torbellinos que genera a su alrededor: torbellinos libres de punta de ala + torbellinos ligados.

El ala y su funcionamiento se pueden sustituir por un conjunto de torbellinos que tiene forma de herradura, combinación de libres y ligados.

Los torbellinos se deben cerrar siempre sobre sí mismos, por ello, los torbellinos ligados que se mueven con el ala y terminan en los extremos, continúan en los libres del seno de la corriente de aire extendiéndose hacia el infinito (torbellinos de salida) en forma de dos estelas turbillonarias que giran en sentidos contrarios y permanecen largo tiempo en el aire, sobre todo cuando éste está en calma.

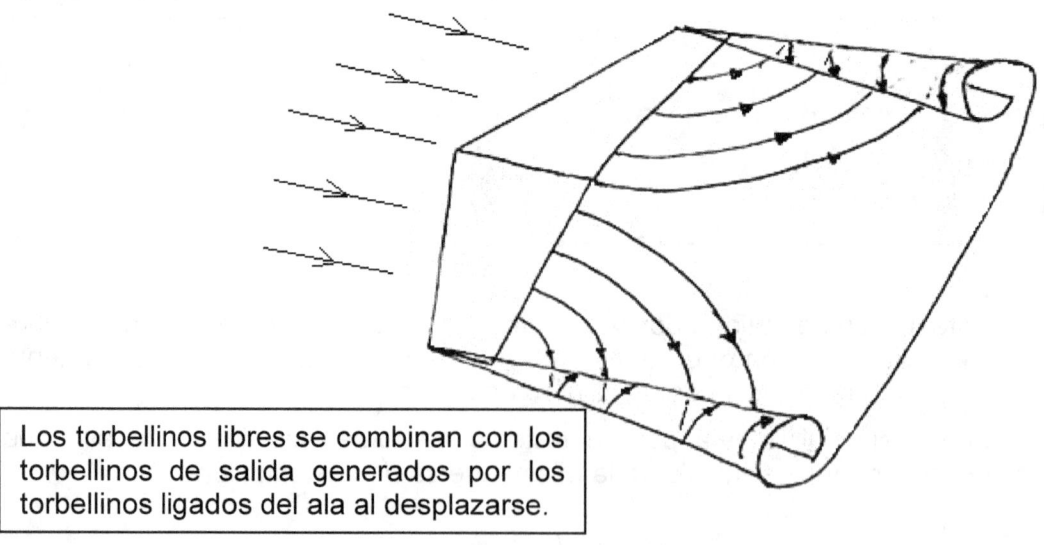

Los torbellinos libres se combinan con los torbellinos de salida generados por los torbellinos ligados del ala al desplazarse.

4 Forma en Planta del Ala

La intensidad de los torbellinos libres depende del peso de la aeronave, la envergadura del ala y del ángulo de ataque.

La distribución de las fuerzas de sustentación sobre un ala rectangular, sin tener en cuenta el efecto de los torbellinos, sería constante a lo largo de todo el ala, describiendo un rectángulo. Si se considera el efecto de los torbellinos la distribución real resulta variable a lo largo del ala, con máximos en el encastre y mínimos en las puntas, donde actúan con mayor intensidad los torbellinos:

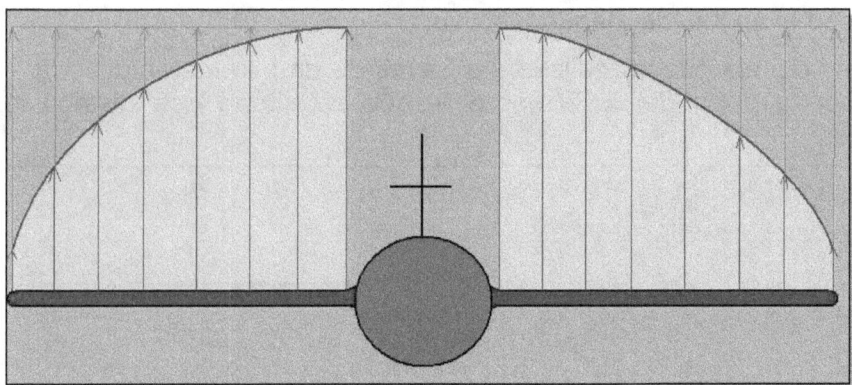

Los torbellinos en las puntas de ala representan resistencia, lo que provoca que se reduzca la sustentación en mismas.

Un ala real siempre sustenta menos que si estudiáramos la sustentación producida por la suma de todos los perfiles que la forman. La aparición de torbellinos ligados y libres representa un incremento de la resistencia aerodinámica.

Los torbellinos generan una velocidad tangencial o velocidad inducida V_i alrededor de cada perfil, de manera que la velocidad relativa del aire respecto del perfil será la velocidad del aire sin perturbar más esta velocidad inducida. El ángulo de ataque asociado a la velocidad del aire sin perturbar se denomina *ángulo de ataque geométrico*. En realidad, al perfil le afecta el *ángulo de ataque aerodinámico o efectivo*, más pequeño que el anterior y asociado a la velocidad relativa del aire respecto del perfil.

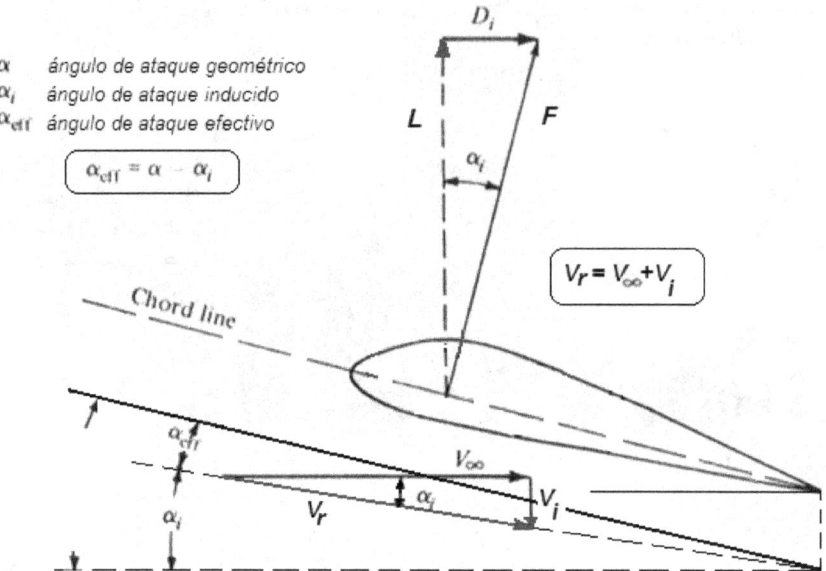

Los torbellinos libres de punta de ala y los de salida, producen la resistencia inducida D_i al absorber energía correspondiente a la sustentación del ala, que trabaja con el ángulo de ataque efectivo.

El estudio del ala puede realizarse a través de un hilo matemático que recorre el ala por la línea del 25% sobre el que se sitúan dos distribuciones de torbellinos:

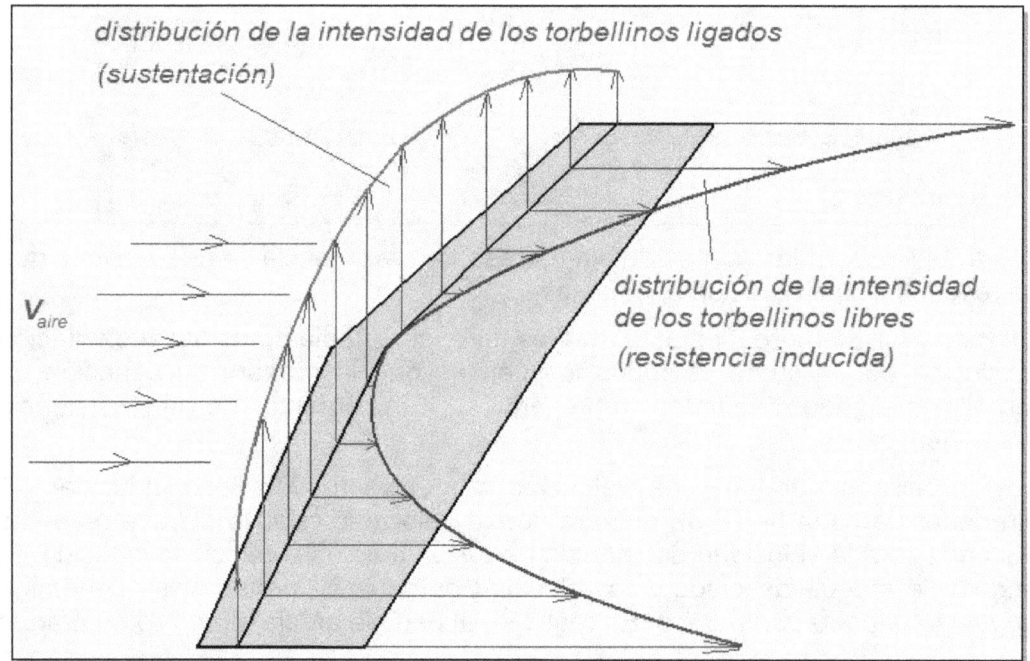

- La 1ª distribución: determina la sustentación sobre cada semi-ala. Se corresponde con la de los Torbellinos Ligados.

- La 2ª distribución: de líneas de fuerza paralelas a la velocidad incidente de la corriente de aire libre V_∞. Se corresponde con la de los Torbellinos Libres en combinación con los torbellinos de salida. Nacen en el hilo sustentador y van hacia atrás hasta el infinito; definen intensidad nula en el encastre y máxima en la punta. Esta distribución es la que determina la resistencia inducida D_i.

La resistencia inducida total es proporcional a la sustentación, de manera que un incremento de una supone un aumento de la otra. La D_i en general no interesa, por lo que lo suyo es intentar que sea lo más pequeña posible: disminuirá si aumentamos la envergadura del ala, o bien, colocando en las puntas del ala algo que impida la circulación de corriente de aire vertical. Una solución práctica y eficaz son los "_Winglets_", pieza vertical en los extremos del ala.

Los Winglets o aletas de punta de ala permiten reducir la intensidad de los torbellinos libres y, con ello, el valor de la resistencia inducida en los extremos del ala.

Pueden estar constituidos por una única pieza situada en un ángulo de entre 90º y 120º con respecto del plano, o dos piezas (superior-inferior) con un ángulo de 90º o más, cada uno respecto del ala.

Todos los aviones pueden incorporarlos, aunque suelen ser específicos para cada avión, estudiando su forma geométrica, tamaño y posición angular en el túnel de viento.

Otra variante de "*winglet*" es el "*sharklet*" o aleta de tiburón que es una prolongación en ángulo hacia atrás de la punta del ala.

Los winglets y sharklets son en los aviones actuales elementos imprescindibles que suponen una reducción importante de consumo de combustible, debido a la mejora aerodinámica que significan, por disminución de la resistencia inducida.

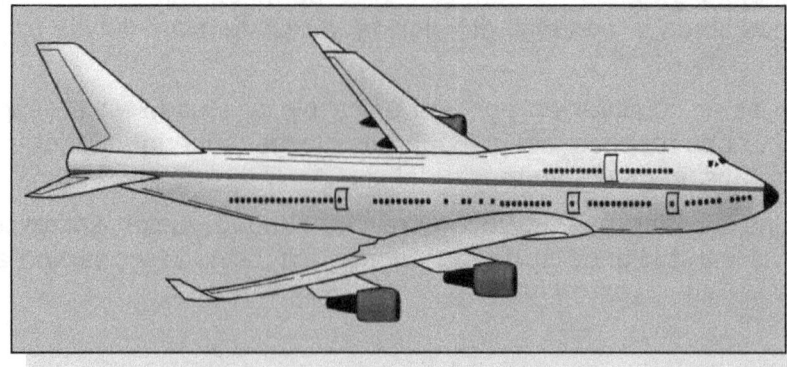

4.4 Resistencia Inducida

Debido a las velocidades tangenciales inducidas sobre el ala, la corriente de aire no incide sobre la misma en un ángulo de ataque α, denominado geométrico, sino con un $\alpha_{efec} = \alpha - \alpha_i$, donde α_i es la variación del ángulo de ataque geométrico respecto del aerodinámico, llamado **ángulo inducido**.

La corriente de aire generará una fuerza resultante F en el perfil constituida por dos componentes:

Una sustentación L perpendicular a la corriente de aire sin perturbar.

Una resistencia inducida D_i paralela a la corriente de aire sin perturbar.

De esta manera, se deduce que,

$$D_i = L \cdot Tan\, \alpha_i \text{ , por lo que } c_{Di} = c_L \cdot Tan\, \alpha_i$$

Lo ideal sería que la resultante F y la sustentación L coincidieran para obtener la mayor sustentación posible.

Para α_i pequeños, que es lo habitual, se puede decir que en el perfil:

$$c_{Di} = c_L\, \alpha_i$$

Por otro lado, de forma experimental se deduce que α_i vale para todo el ala:

$\alpha_i = \dfrac{c_L}{\pi A e}$, donde $A = \dfrac{b}{c}$ es el alargamiento del ala y "e" un factor de eficiencia

para ajuste experimental de la ecuación. α_i cambia de forma lineal con c_L

Por tanto, el coeficiente de resistencia inducida queda como:

$$\boxed{c_{Di} = \dfrac{c_L^2}{\pi A e}}$$

De lo que se deduce que, c_{Di} *aumenta* de manera geométrica con el aumento de c_L y *disminuye* linealmente con el aumento de la eficiencia del ala y/o su alargamiento.

4.5 Curva Polar y Fineza Aerodinámica

La curva polar es la representación del coeficiente c_L en función del coeficiente c_D. Como c_L es función del ángulo de ataque α y también c_D es función del ángulo de ataque α, se puede buscar fácilmente la relación entre ambos a partir de α.

Como ya sabemos, $D = D_P + D_i$ y, por tanto, $c_D = c_{DP} + \dfrac{c_L^2}{\pi A e}$

Por otro lado, c_{DP} es un valor constante para α pequeños.

Se denomina *Fineza o eficiencia aerodinámica* a la relación entre la sustentación L y la resistencia D para cada ángulo de ataque α. Se describe formalmente como:

$$f(\alpha) = \frac{L}{D} = \frac{c_L}{c_D} = \tan\varphi$$

A partir de la curva polar, para cada par de valores (c_L, c_D) se obtiene el par $(\tan\varphi, \alpha)$ con los que se va construyendo la curva de fineza.

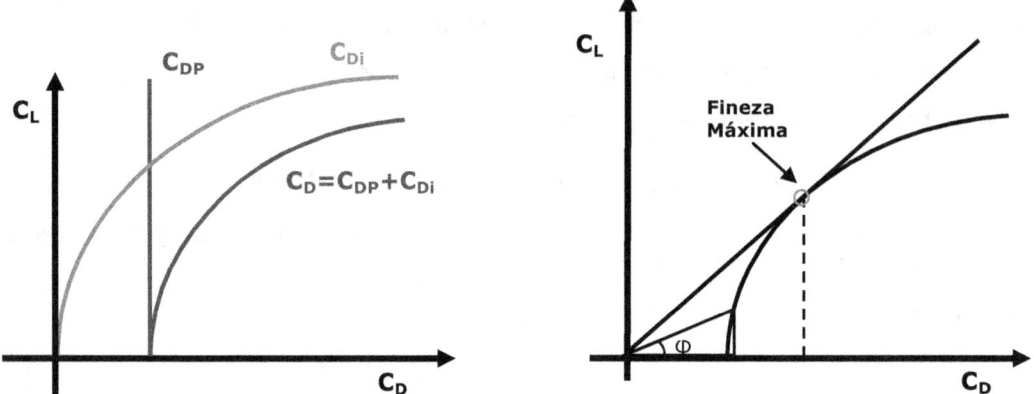

Un punto importante de esta curva es el de fineza máxima, que se producirá en donde el valor de φ sea máximo (aproximadamente 7°) y, que se puede obtener gráficamente sobre la curva polar, trazando la tangente desde el origen.

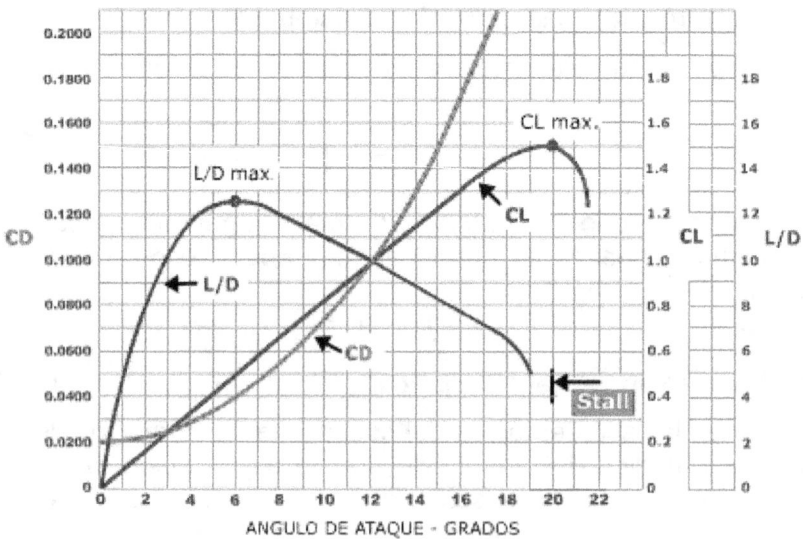

CL= Coeficiente de sustentación.   CD= Coeficiente de resistencia.
L/D= Relación Sustentación/Resistencia.

NOTA: interesa volar en zonas de fineza máxima porque es donde tenemos mayor relación de sustentación/resistencia y, por tanto, óptimas prestaciones aerodinámicas.

4.6 Velocidad de Pérdida

La entrada en pérdida de un perfil se alcanza cuando trabaja en los alrededores del c_L máximo y, se supera el valor de $\alpha_{máximo}$. Se caracteriza porque la capa límite comienza a desprenderse por el borde de salida, con lo que la cuerda efectiva se reduce, es decir, se hace más pequeña que la cuerda del perfil. Esto hace que en la superficie aerodinámica se reduzca también la superficie efectiva y, por tanto, la sustentación.

La entrada en perdida de un perfil, no depende de su velocidad relativa al aire incidente, sino de su ángulo de ataque.

Sólo hablamos de velocidad de perdida para referirnos a la aeronave, nunca a los perfiles. Se define como la velocidad más baja que puede llevar para generar la suficiente sustentación compensadora del peso, de modo que la aeronave mantenga su vuelo horizontal. En general, se puede describir del siguiente modo:

Como $L = \dfrac{1}{2}\rho v^2 S c_L$, o bien en términos de velocidad equivalente, $L = \dfrac{1}{2}\rho_0 v_e^2 S c_L$

Y para la compensación del peso de la aeronave se debe cumplir que $L = W$

Entonces, la velocidad de pérdida viene dada por,

$$\begin{cases} W = \dfrac{1}{2}\rho v_P^2 S c_{L\max} \quad \Rightarrow \quad \boxed{v_P = \sqrt{\dfrac{2W}{\rho S c_{L\max}}}} \\[2ex] W = \dfrac{1}{2}\rho_0 v_{eP}^2 S c_{L\max} \quad \Rightarrow \quad \boxed{v_{eP} = \sqrt{\dfrac{2W}{\rho_0 S c_{L\max}}}} \end{cases}$$

4.7 Influencia del estrechamiento y la torsión

La parte del ala donde comienza a producirse el desprendimiento de la corriente del aire y, por tanto, la entrada en perdida depende en la práctica, de forma muy importante, de su estrechamiento.

Nos interesa un desprendimiento desde el encastre hacia los extremos del ala para poder mantener el control de los mandos de vuelo, que suelen estar cercanos a las puntas.

Si el desprendimiento se produjera por todo el borde de salida del ala a la vez, perderíamos el control de alabeo del avión, ya que los alerones reducirían progresivamente y, de forma muy rápida, superficie efectiva. Interesa que la pérdida empiece en uno de los lados de cada semiala, preferiblemente por el encastre y, se vaya desplazando hacia el lado contrario, nunca transversalmente.

Estudiando el estrechamiento del ala se concluye que para:

1< λ < 0,5 → En alas rectangulares o con λ moderado se consigue un control en alabeo bueno, ya que la pérdida comienza en el centro y se propaga hacia las puntas.

0,5 < λ 0 → En alas con flecha acusada y, de forma extrema, triangulares el control en alabeo es difícil. El desprendimiento comienza en las puntas donde se suelen encontrar los alerones.

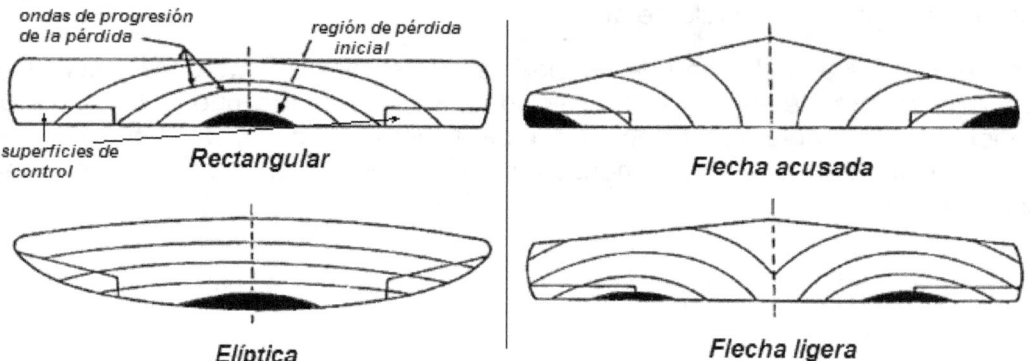

La forma de solucionar el problema de las alas con estrechamiento pequeño es utilizar torsión geométrica y aerodinámica positivas que retrasen la entrada en perdida: en las puntas los perfiles trabajan con un margen de ángulos de ataque mayor y un c_{Lmax} superior al que se tiene en el encastre.

No hay que confundir las estelas turbillonarias ("wake turbulence"), de carácter aerodinámico, con las estelas de condensación producidas por los motores a reacción de los aviones. En ciertas condiciones de humedad relativa del aire elevada, la carbonilla despedida por el motor a través de los gases de escape sirve para condensar el vapor de agua a su alrededor, formando estas típicas estelas, tantas como motores lleve el avión.

TEMA 5 – DISPOSITIVOS HIPERSUSTENTADORES

En aviación comercial, el incremento de la velocidad de crucero y del radio de acción que mantiene el avión durante más tiempo en vuelo de crucero, han obligado a usar perfiles de alta velocidad.

Los perfiles de alta velocidad son perfiles delgados, de poco espesor y, normalmente, simétricos, caracterizados por un c_{Lmax} pequeño, generadores de poca resistencia.

El c_{Lmax} influye en la velocidad de pérdida del avión. En particular, una disminución del c_{Lmax}, que es lo que se consigue con perfiles de alta velocidad, hace que la velocidad de pérdida del avión aumente. Por esta razón, los aviones comerciales actuales precisan velocidades de despegue y aterrizaje cada vez mayores lo que implica longitudes de pista grandes y mayores problemas en estos tramos de vuelo. (Ancho de la pista estándar 45m tras el B747 y 65m tras el A380).

Una solución a este problema es el uso de perfiles cuyo c_{Lmax} sea variable, de manera que,

- En vuelo de crucero la curvatura del ala interesa que fuera lo más pequeña posible para poder operar a altas velocidades y resistencia reducida. Los perfiles deben tener c_{Lmax} pequeño.
- En despegue y aterrizaje, el ala tiene que generar sustentación con bajas velocidades, lo que implica elevadas curvaturas y c_{Lmax} grande.

Para conseguir un ala con perfiles de curvatura y c_{Lmax} variables, se utilizan los dispositivos hipersustentadores (LAS o "Lift Augmentation System"). Se definen como el conjunto de procedimientos para conseguir aumentar el valor de c_{Lmax} original del ala. Se consideran dos tipos:

- Aquellos que **controlan la capa límite**, retrasando su desprendimiento.
- Aquellos que **modifican la forma exterior del perfil**.
    - Modificando la curvatura.
    - Aumentando la cuerda del perfil.

5.1 Controladores de Capa límite.

Poco usados en la actualidad por su complejidad mecánica.

Se basan en la aplicación del **efecto coanda**: proporcionar energía a las partículas fluidas dentro de la capa límite que circulan a bajas velocidades sobre el extradós del perfil.

Exigen tener una fuente de energía que nos permita *insuflar o absorber* (eliminando partículas paradas o de baja velocidad) chorros de aire dentro de la capa límite. En aviones con motores a reacción la fuente de aire de alta presión o de vacío son los compresores de los mismos.

(a) Aspiradores de capa límite.

Se aspira mediante orificios ubicados estratégicamente en el extradós en zonas donde se espera el desprendimiento de la capa límite. Se utilizan poco. Requieren poner orificios en el ala donde se espera se va a producir la parada y acumulación de partículas de aire. Si se produjera esta parada del aire en otras zonas donde no hay orificios, estas otras partículas no se aspirarían. Implica un sistema de tuberías en la estructura que aumenta el peso del ala y su complejidad interna.

Los objetivos de los aspiradores de capa límite son:

- Disminuir la presión local de succión en la zona de presiones desfavorable del extradós, permitiendo que se adhiera la capa límite.
- Absorber las partículas fluidas de menor velocidad o de movimiento invertido para evitar turbulencias y retrasar el punto de transición de la capa límite, alargando la laminar.

La aspiración reduce la resistencia de fricción, lo cual interesa a altas velocidades ya que al disminuir fuerzas de rozamiento se reduce la resistencia del avión; sin embargo, no interesa su uso en el aterrizaje, pues la resistencia ayuda a frenar aerodinámicamente que es lo deseable para evitar sobrecalentamiento en los dispositivos de frenado mecánicos.

(b) Sopladores de capa límite.

Insuflan chorros de aire a gran velocidad aumentando la velocidad de las partículas fluidas dentro la capa límite en el extradós del ala. No se suelen usar por problemas de complejidad estructural, e igual que con los aspiradores, requieren de un sistema de tuberías y sangrado del motor que reduce su empuje. Según la situación de los sopladores en el ala tenemos:

- Próximos al borde de ataque: Insuflado de aire por toda la superficie del extradós; consiguen aumentar el valor de c_{Lmax} retrasando la entrada en perdida del ala.
- Próximos al borde de salida: modifican la velocidad de la corriente libre de aire alrededor de este borde, aumentando la circulación alrededor del ala; con ello, se reduce la intensidad de los torbellinos libres, producidos originalmente por el cambio de presión excesivo entre extradós e intradós cerca de las puntas del ala. Producen variación de α para $c_L=0$.

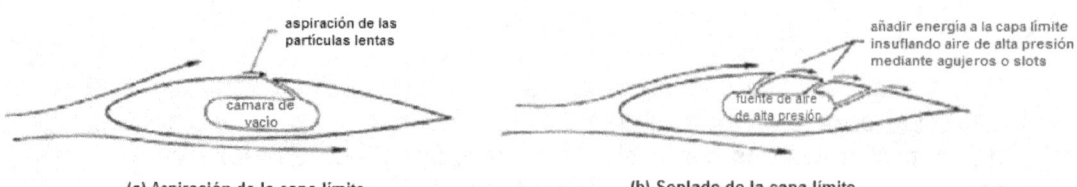

(a) Aspiración de la capa límite   (b) Soplado de la capa límite

5.2 Controladores de la forma del perfil

(a) <u>Ranuras de borde de ataque (slots)</u>

Son aberturas del borde de ataque que dividen el perfil en dos partes, la sección básica y el perfil auxiliar o Slat (LED o "leading edge device").

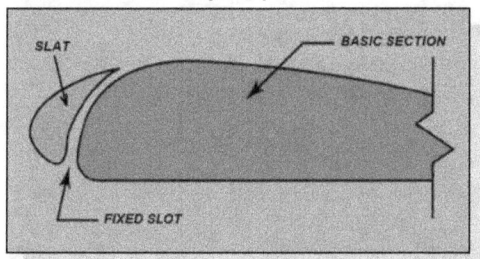

> La deflexión del slat respecto del perfil básico da lugar al slot.

En aviación ligera la apertura del slot suele ser automática, a partir de cierto ángulo de ataque α. El incremento de ángulo de ataque hace que la distribución de presiones en el ala se incline cada vez más hacia el borde de ataque; esto al final genera una fuerza suficiente para superar el resorte que mantiene el slat plegado. En aviación comercial pesada este sistema no es automático, sino que los pilotos controlan cuando se activan los slats.

Las ranuras actúan como sopladores de la capa límite comunicando energía a la misma al insuflar aire desde el intradós al extradós. El efecto conseguido produce un incremento del c_{Lmax}.

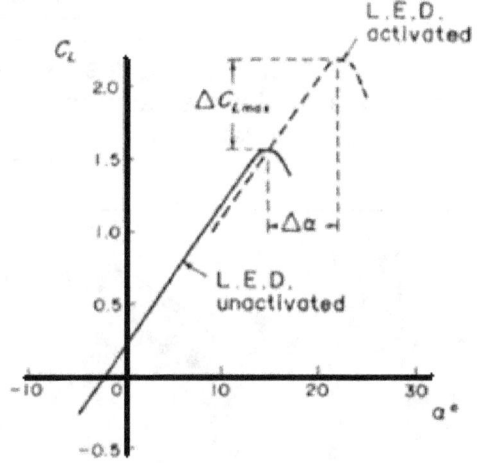

> La activación de los slats cambia la curva de sustentación del ala, incrementando el c_{Lmax} y aumentando el margen de trabajo del ángulo de ataque.

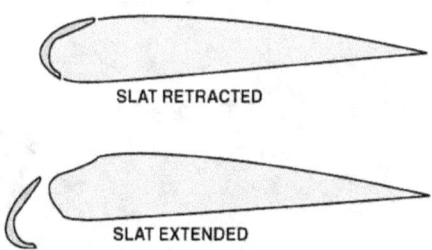

Los slats presentan una serie de inconvenientes prácticos:
- Su activación eleva el morro del avión (con cp del ala por delante del cg, habitual en aviación ligera), lo cual puede ser peligroso en ciertos tramos de vuelo, como en el aterrizaje.
- Una elevada humedad relativa del aire combinada con baja temperatura en altura, puede producir engelamiento en el slot. Si el slat está desplegado, esta situación impediría su retracción; si el slat está plegado, el engelamiento podría impedir su activación.

(b) Flaps

Partes móviles del perfil capaces de aumentar su curvatura, consiguiendo así un aumento del c_{Lmax}. Se consideran dos tipos:

- *Flaps de borde de ataque* (LEF o "Leading Edge Flaps") –

  Consiguen incrementar el c_{Lmax} del perfil básico.

  El ángulo de ataque de sustentación nula, así como, la pendiente de la curva de sustentación, permanecen prácticamente inalterados.

  Aumento pequeño de la resistencia. Poco desplazamiento de la curva polar.

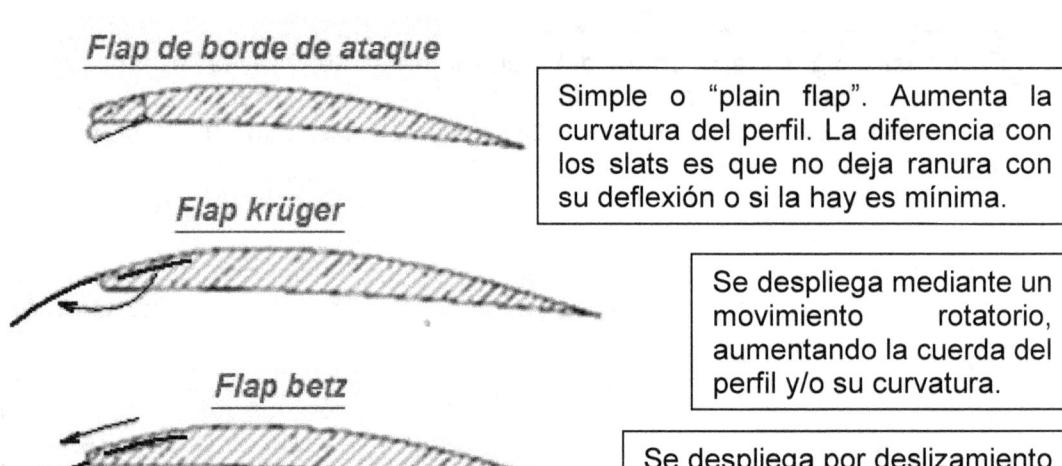

Flap de borde de ataque

Simple o "plain flap". Aumenta la curvatura del perfil. La diferencia con los slats es que no deja ranura con su deflexión o si la hay es mínima.

Flap krüger

Se despliega mediante un movimiento rotatorio, aumentando la cuerda del perfil y/o su curvatura.

Flap betz

Se despliega por deslizamiento hacia delante, aumentando la cuerda del perfil

KRUEGER LEADING EDGE FLAP (Inboard most set)

Los LEF pueden tener una o varias posiciones de extensión. En el caso más sencillo, entre la posición de retracción y la extensión completa, se tiene la posición intermedia de tránsito.

5 Dispositivos Hipersustentadores

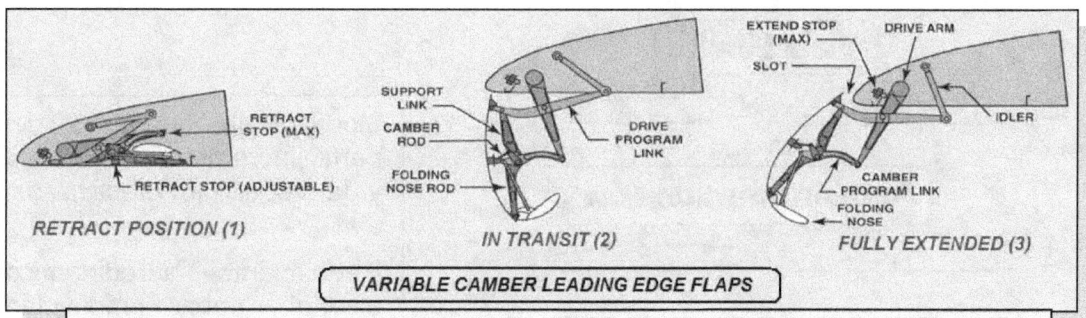

Los LEF de curvatura variable son una combinación del "Krüger Flap" con el "Plain Flap". El cambio de curvatura en el perfil es modificable mediante ajustes en tierra que afectan al "folding nose".

- *Flaps de borde de salida* (TEF o "Trailing Edge Flaps") – La extensión de flaps es siempre hacia atrás y abajo, aumentando la curvatura del perfil. El efecto de la mayor curvatura produce:

  o Aumento de c_L para cualquier α.
  o Aumento del momento de cabeceo negativo (picado) por incremento de sustentación en el ala (con cp del ala por detrás del cg, habitual en aviación comercial pesada).
  o Variación del ángulo de sustentación nula, pasando a ser más negativo.
  o Permanece casi inalterable la pendiente de la curva $c_L(\alpha)$, así como, el ángulo de ataque máximo y el de entrada en pérdida.
  o Se incrementa la resistencia. La curva polar se ve desplazada hacia la derecha.

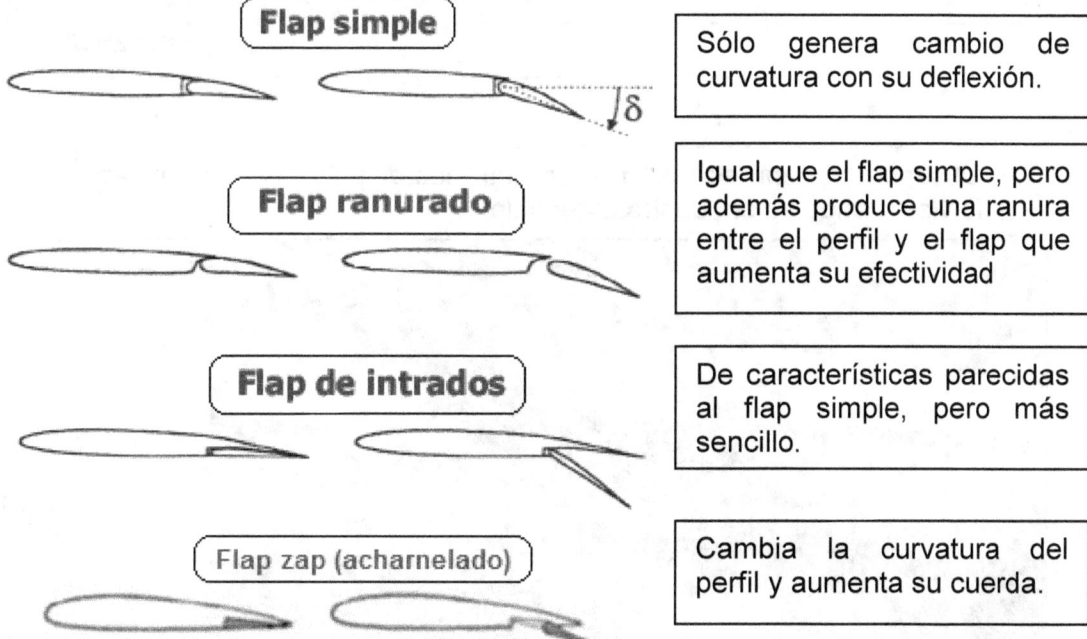

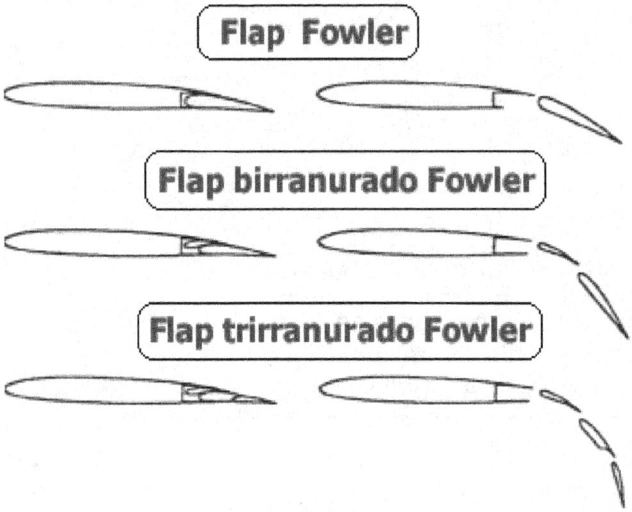

Flap Fowler

Flap birranurado Fowler

Flap trirranurado Fowler

Modifica la curvatura del perfil, incrementa su cuerda y la superficie efectiva del ala.

Rendimiento aerodinámico elevado, pero complejidad mecánica alta.

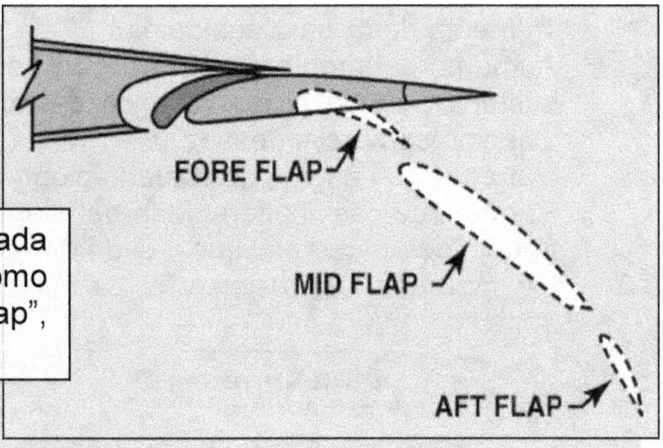

En el flap fowler trirranurado, cada una de las partes se nombra como "Fore, Mid y Afterwards Flap", respectivamente.

FORE FLAP

MID FLAP

AFT FLAP

Observar las ranuras que quedan entre las distintas partes del flap fowler cuando se encuentra extendido.

5 Dispositivos Hipersustentadores

El flap fowler trirranurado es el más efectivo aerodinámicamente, pero también el de mecánica más compleja.

El sistema mecánico incorpora un carenado inferior conocido como "fairing track flap".

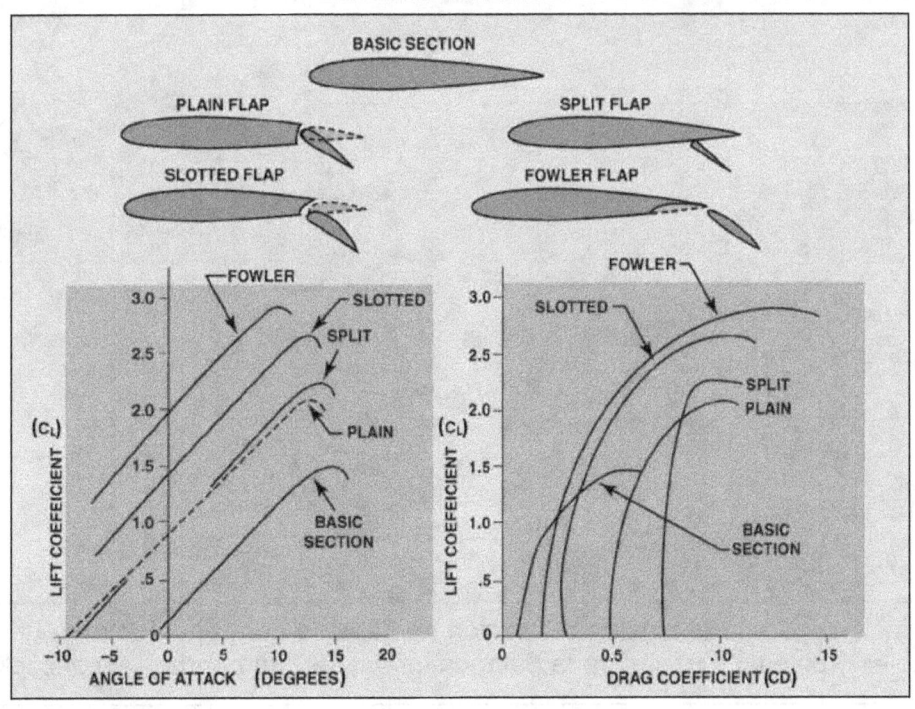

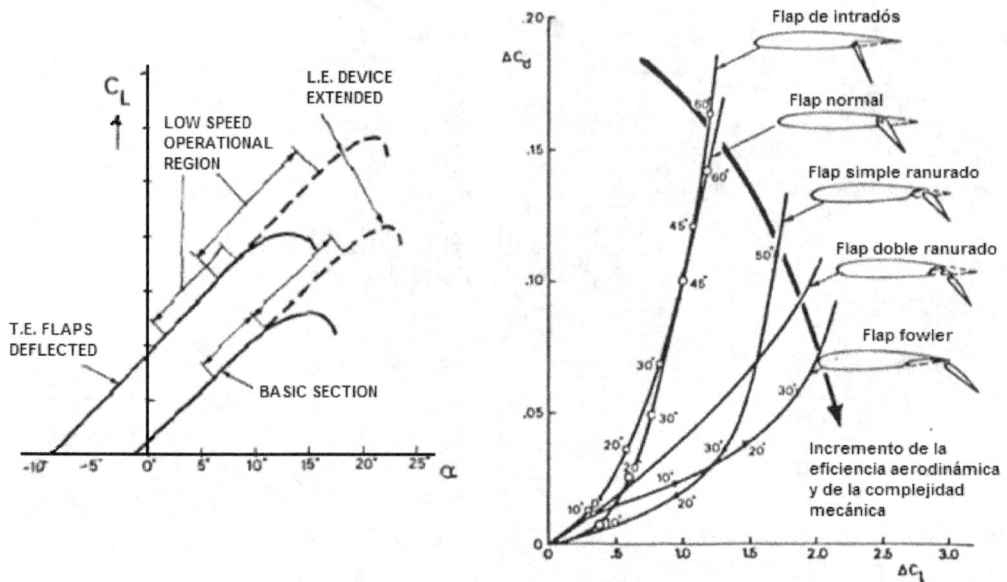

Observar como un aumento de la eficiencia aerodinámica en el sistema de flaps, supone un aumento de la complejidad mecánica. El efecto aerodinámico de los LED se suma con el efecto aerodinámico del TED.

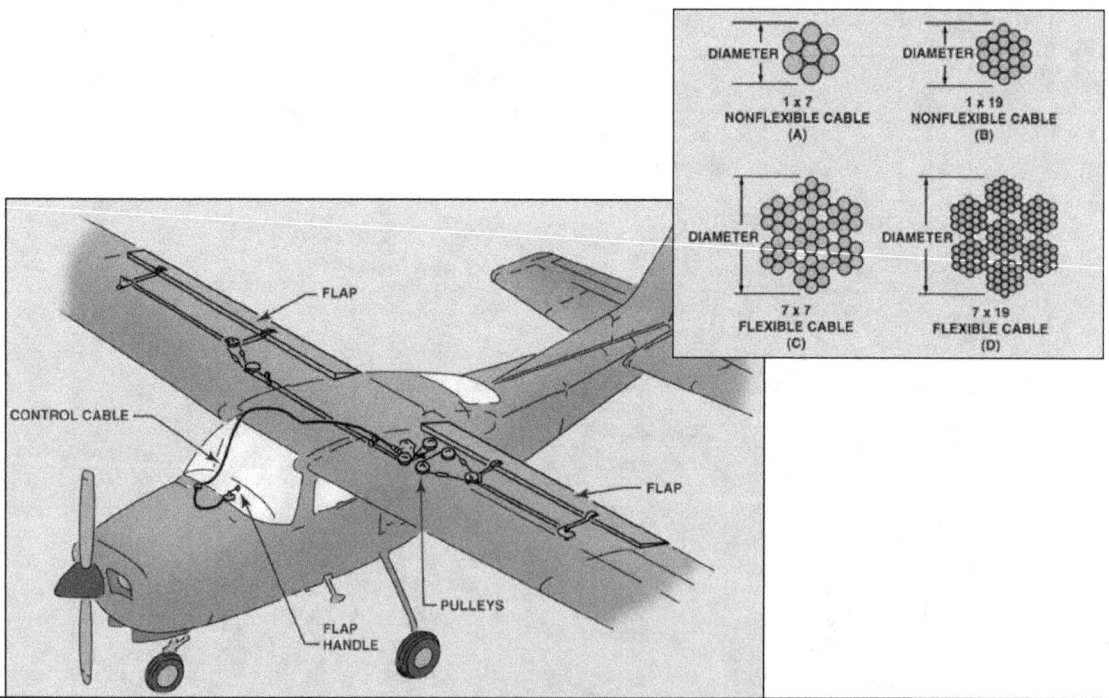

En aviación ligera la extensión-retracción de flaps se controla mediante un sistema de cables y poleas, a través de la palanca de flaps ("flap handle") en el cockpit.

Los flaps y ranuras se usan esencialmente durante los tramos de vuelo de despegue y aterrizaje, por las bajas velocidades características de los mismos. Es importante saber cuándo retraerlos, una vez alcanzada una cierta velocidad y altura en despegue y, cuando extenderlos, por debajo de determinada velocidad y nivel de vuelo en aproximación y aterrizaje. Para solucionar esta cuestión, específica de cada avión y sus condiciones de vuelo, hay que tener en cuenta que estos dispositivos no sólo producen sustentación, sino también resistencia.

- <u>*En Despegue*</u> → *Se utilizan ángulos de deflexión de flaps pequeños para obtener incrementos bajos de C_D.*
- <u>*En Aterrizaje*</u> → *Se usan ángulos de deflexión de flaps elevados para obtener incrementos elevados de C_D.*

5.3 Dispositivos modificadores de la sustentación

No son hipersustentadores en el sentido estricto.

(a) <u>SPOILERS</u>

Dispositivos usados para incrementar la resistencia del avión en un momento dado, consistente en placas que se deflectan sobre el extradós del ala.

Se trata de reducir de forma rápida la velocidad del avión hacia delante.

Dependiendo de su funcionalidad, los spoilers se describen como,

- <u>Ground Spoilers</u>: deflexión simétrica máxima y de todos los spoilers cuando el avión toca tierra en el aterrizaje. Se trata de ayudar al avión a reducir su velocidad en la carrera de aterrizaje sin usar los frenos del tren de aterrizaje. Además, funcionan como reductores de la sustentación del ala en tierra ("lift dumpers"), generando una fuerza vertical hacia abajo. El sistema de spoilers en modo "Auto" permanece armado hasta que recibe una señal de mando procedente de la compresión del amortiguador del tren de aterrizaje de morro. Entonces se activa su despliege, del orden de 45° respecto del ala.

- <u>Airbrakes</u>: deflexión simétrica de una parte de los spoilers del ala, utilizada para reducir la velocidad del avión en vuelo.

- <u>Roll Spoilers</u>: deflexión de algunos spoilers de una semiala como ayuda a los alerones en el viraje, bajo ciertas condiciones programadas de alabeo. Se deflectan sólo en el lado del ala donde el alerón sube.

- Load Alleviation Spoilers: forma parte del sistema de alivio de cargas de maniobra o MLAS que durante 1s levanta alerones y spoilers externos para reducir la sobrecarga estructural que sufre el ala en las puntas bajo ciertas condiciones de maniobra.

Uso de los airbrakes en un B777. Observar como no se han deflectado los spoilers interior y exterior.

Un avión comercial como el Airbús A320 utiliza cinco spoilers en cada semiala, ubicados delante de los flaps de borde de salida, con las siguientes características,

Spoilers A320 (Deflexión máxima)					
Funcionalidad	*1 (inner)*	*2*	*3*	*4*	*5 (outer)*
Airbrakes	0°	20°	40°	40°	0°
Lift Dumpers	45°	45°	45°	45°	45°
Load Alleviation	0°	0°	0°	25°	25°
Roll Control	0°	35°	35°	35°	35°
Area (m^2)	1.175	1.174	1.108	1.019	1.019

Spoiler de A320 deflectado en hangar, a efectos de mantenimiento.

5 Dispositivos Hipersustentadores

(b) Efecto del barrido de las hélices

Las hélices de los aviones afectan a la corriente de aire que rodea la superficie del ala al aumentar su velocidad. Esto hace que el ala incremente su sustentación.

Los motores con hélice tienen el mismo efecto sobre el ala que los sopladores de capa límite, esto es, aumentan el c_{Lmax} y disminuyen $v_{perdida}$, proporcionando de esta manera un margen de seguridad para el vuelo más amplio.

Hay que tener cuidado al reducir potencia en los motores e introducir el efecto de frenado de hélices, por ejemplo en aterrizajes, que da lugar a un incremento de $v_{perdida}$. Si no se ha tenido en cuenta para la velocidad a la que vuela, el avión puede entrar en pérdida.

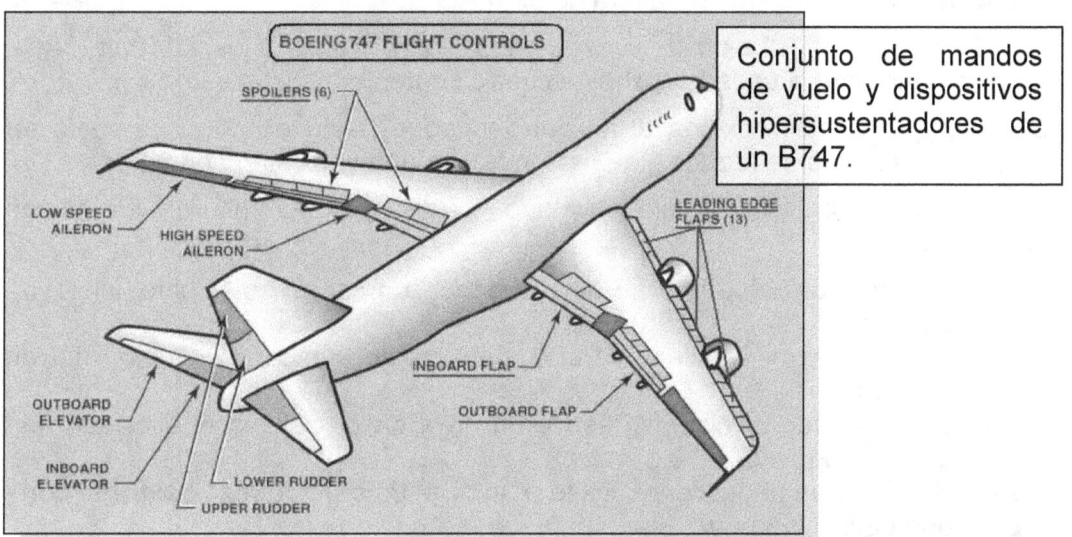

Conjunto de mandos de vuelo y dispositivos hipersustentadores de un B747.

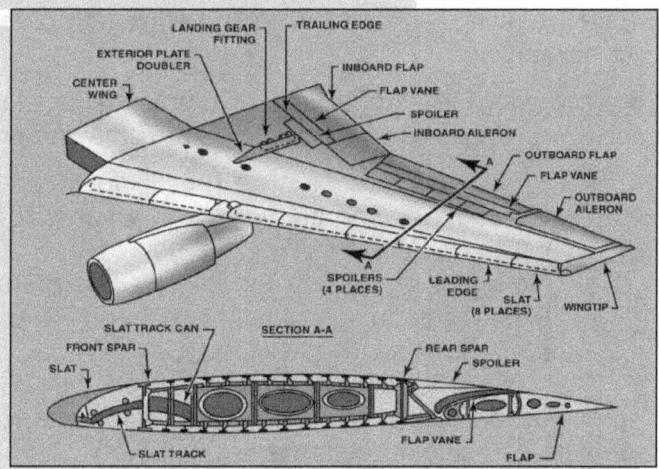

Estructura característica de una semiala de un avión comercial pesado. Observar el intercalado de flaps con alerones y que los spoilers nunca se emparejan con alerones, siempre con flaps.

CONOCIMIENTOS SOBRE LA AERONAVE (VOL 1)

5.4 Tramos de Vuelo

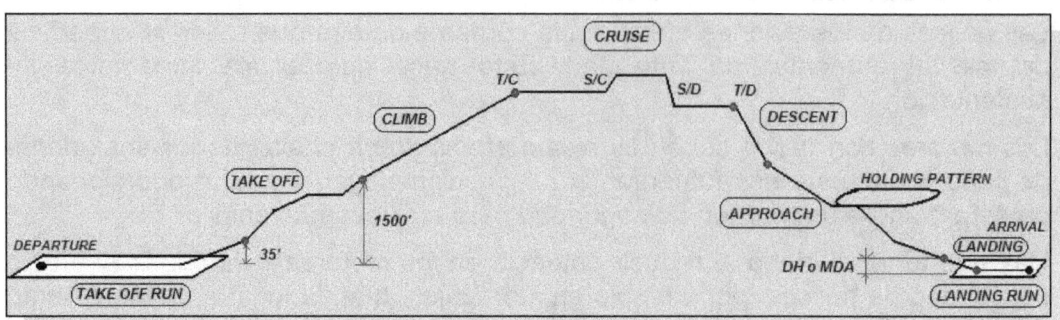

0. <u>Carrera de Despegue</u> ("Take-off run"): Desde el umbral de cabecera de pista ("runway take-off") hasta una altura de 35 ft AGL.

1. <u>Despegue</u> ("Take-off"): Desde los 35ft hasta los 1500ft AGL aproximadamente. Puede tener hasta cuatro segmentos distintos.

2. <u>Ascenso</u> ("Climb"): Desde el fin del despegue hasta el tramo de vuelo en crucero. El empuje se reduce y se asciende con una velocidad constante.

3. <u>Crucero</u> ("Cruise"): Vuelo nivelado y de maxima altura. Elementos característicos:
   - T/C o "Top of Climb": Parte superior del ascenso. Punto inicio de crucero.
   - T/D o "Top of Descend": Parte superior del descenso. Punto final de crucero.
   - S/C o "Step of climb": Paso a un nivel de crucero más alto, con una determinada V/S.
   - S/D o "Step of descend": Paso a un nivel de crucero más bajo, alto con una determinada V/S.

4. <u>Descenso</u> ("Descend"): Definido entre tramo de crucero (T/D) y el inicio de la Aproximación.

5. <u>Aproximación</u> ("Approach"): Compuesto por los segmentos de aproximación inicial, aproximación intermedia y aproximación final
   - <u>Precisión</u>: aplicación de reglas de guiado instrumental (IFR). Requiere Guiado instrumental horizontal y vertical. La aproximación termina en la altura de decisión DH.
   - <u>No precisión</u>: aplicación de reglas de guiado visual (VFR). Como mucho existe guiado instrumental horizontal. La aproximación termina en la altura mínima de decisión MDA.

6. <u>Aterrizaje</u> ("Landing"): comienza en la DH o MDA, según el tipo de aproximación. Concluye cuando el tren de aterrizaje de morro toca la zona de toma de contacto sobre la pista ("Roll out").

7. <u>Carrera de Aterrizaje</u> ("Landing Run"): aplicación de frenada aerodinámica (ground spoilers) y empuje de reversa en motores a reacción. Sólo se aplican frenos en ruedas por debajo de una cierta velocidad característica para cada avión.

5 Dispositivos Hipersustentadores

Funcionalidad de los Slats y Flaps

Los Slats y Flaps de borde ataque y de borde de salida tienen una posición de retracción y varias de extensión. El sistema encargado de colocar el dispositivo hipersustentador en la posición adecuada, respecto del perfil básico, se denomina guía ("track") movida por un actuador rotatorio. En un ala de gran envergadura se utilizan varios slats y flaps, cada uno con sus propias guías, nombrados habitualmente de forma digital desde el encastre a la punta de cada semiala. No todos los slats/flaps en una misma ala son del mismo tipo. El acceso al sistema de guía de slats/flaps, a efectos de mantenimiento por ejemplo, se realiza mediante tapas de registro en el intradós del ala.

El slat se extiende hacia delante respecto del perfil básico desplazado mediante la guía ("slat track"). El sistema de guía del slat comprende los siguientes elementos:

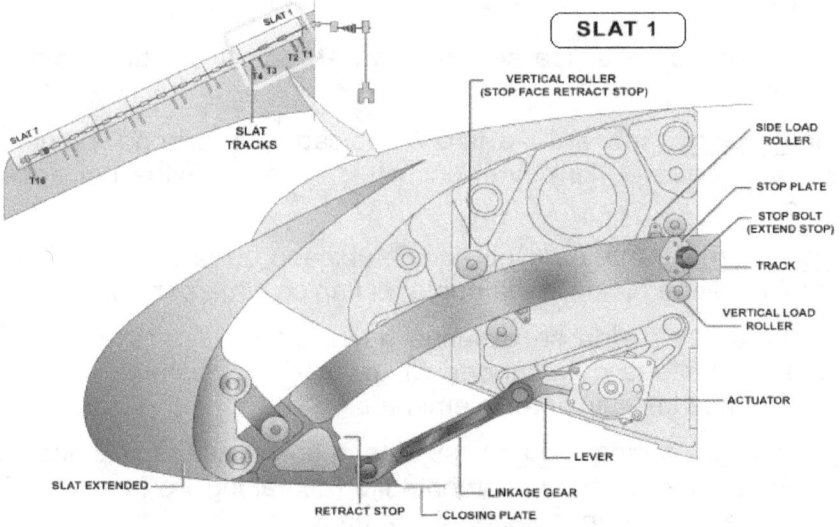

Rodamientos verticales y laterales: desplazamiento y sujeción de la guía sobre la estructura del perfil básico.

Topes de detención: a efectos de retracción y de máxima extensión.

Placa de cierre: en la posición de retracción cierra el slot por completo, de manera que el slat no es necesario que quede pegado totalmente al perfil básico.

El desplazamiento de la guía se consigue mediante:

- Actuador rotatorio y varilla de acoplamiento al slat: usado cuando la guía no es muy larga; utilizado una varilla de longitud ajustable y/o un nivelador para el acoplamiento adecuado actuador-varilla.

- Actuador acoplado a piñón y guía dentada: usado cuando la guía es larga; no utiliza varillas de acoplamiento actuador-slat.

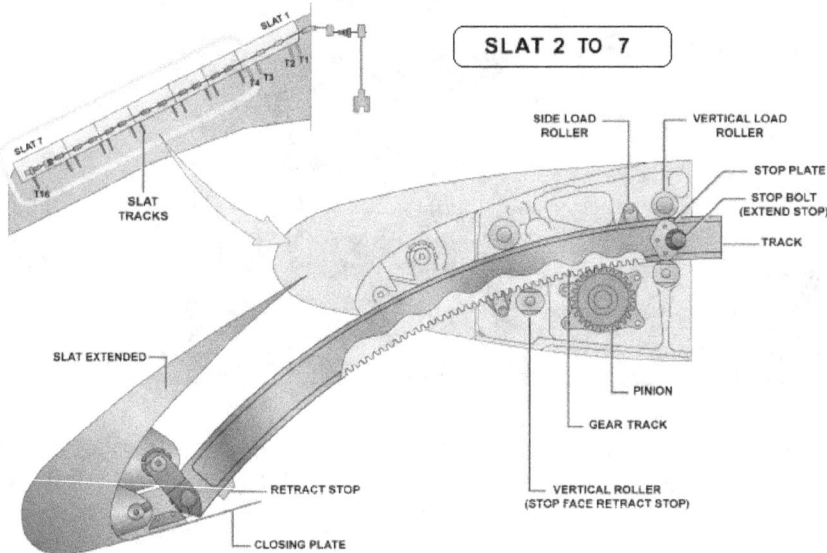

Los Flaps de borde de salida se clasifican en dos tipos, dependiendo de su posición en el ala:

- Flap interior ("inboard") o tipo A: ubicado en la zona interior de cada semiala, entre el "kink" y el encastre; el flap se sitúa por debajo de su guía.

- Flap exterior ("outboard") o tipo B: ubicado en la zona exterior de cada semiala, entre el "kink" y la punta; el flap se sitúa por encima de su guía.

El flap de borde de salida se extiende hacia atrás respecto del perfil básico desplazado mediante la guía-soporte ("flap track"). El sistema de guía-soporte del flap comprende los siguientes elementos:

Guías carenadas ("fairing tracks"): sujetas a la estructura alar incorporan un carenado que puede ser completamente fijo ("fix fairing") o una parte fija y otra móvil ("mobile fairing"), dependiendo del tamaño del flap.

5 Dispositivos Hipersustentadores

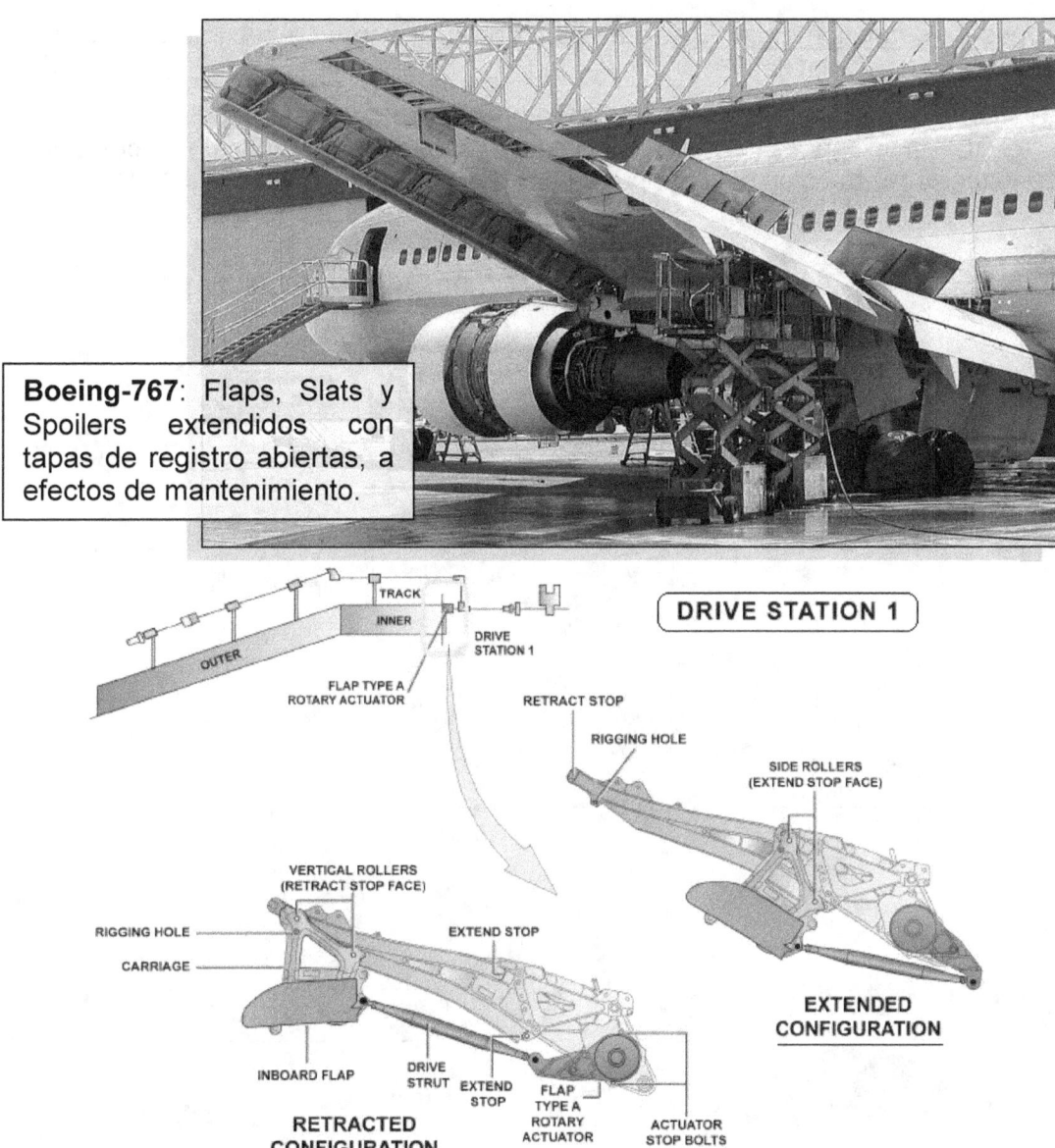

Boeing-767: Flaps, Slats y Spoilers extendidos con tapas de registro abiertas, a efectos de mantenimiento.

Actuador rotatorio: montado sobre la guía carenada, utiliza un vástago conductor ("drive strut") encargado de desplazar adecuadamente el flap; a su alrededor existen unos pernos de detención ("stop bolts") que determinan el giro máximo del actuador, a efectos de posición de retracción y máxima extensión del flap.

Soporte del flap ("carriage"): estructura de sujeción del flap sobre la guía que se desplaza sobre la misma usando rodamientos verticales y laterales; sirve para acoplar también el vástago conductor del actuador; incorpora agujeros de ajuste ("rigging holes") para el perfecto calibrado de desplazamiento respecto de la guía en las posiciones de retracción y máxima extensión del flap.

CONOCIMIENTOS SOBRE LA AERONAVE (VOL 1)

<u>Topes de detención en la guía</u>: a efectos de retracción y de máxima extensión, frenan el soporte del flap.

<u>Sensores de posición</u>: algunos flap montan entre el flap y el soporte-guía una estructura adicional ("beam") que incorpora un sensor captador de la posición de extensión-retracción del flap; puede ser de tipo "dessyn" o LVDT-RVDT.

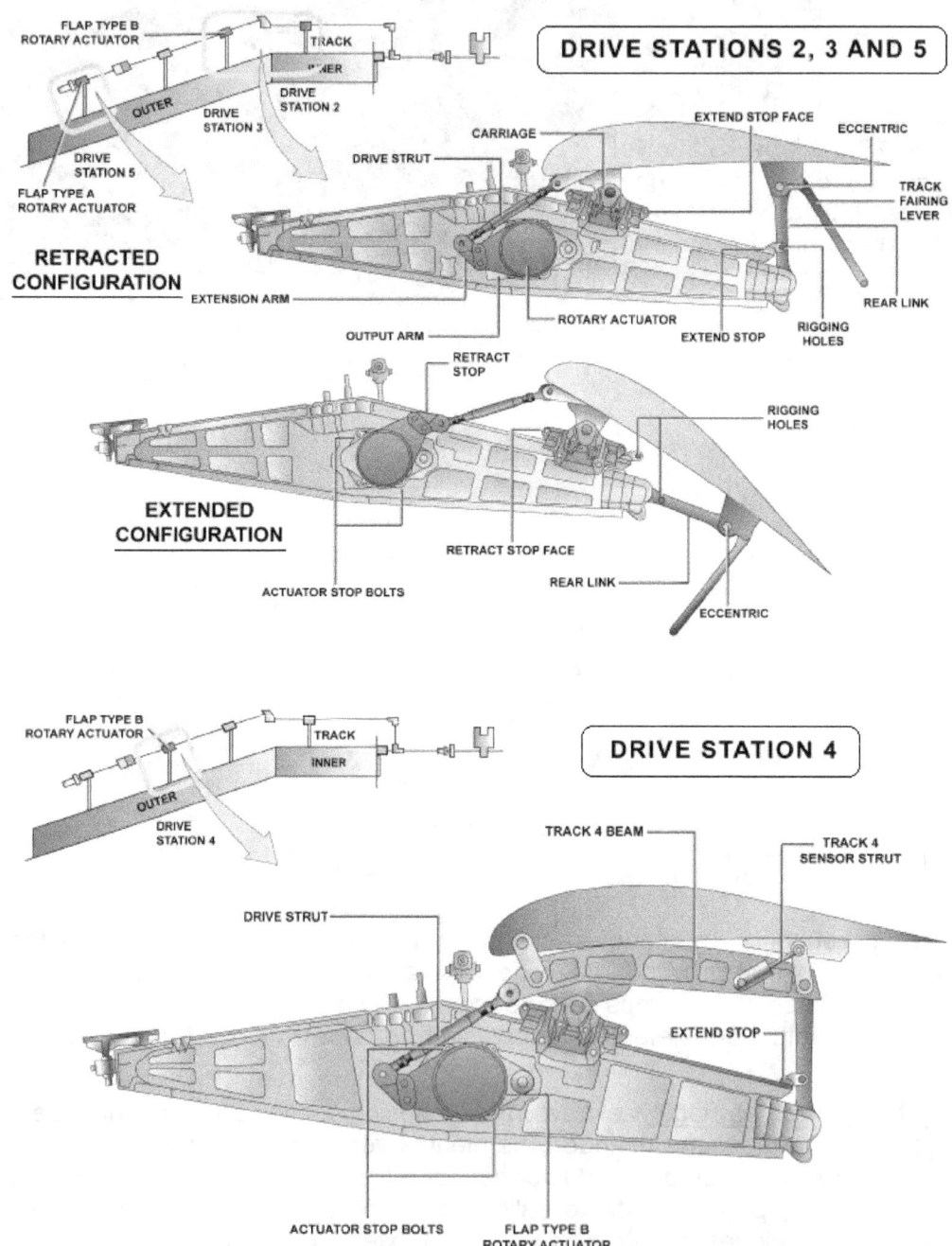

5 Dispositivos Hipersustentadores

El control de posición de flaps y slats depende de la palanca de flaps-slats en el cockpit (SFCL o "slat flap control lever"). Hay fabricantes de aeronaves, como Boeing, donde la indicación de la palanca describe el ángulo de los flaps-slats respecto del perfil básico (0º, 1º, 5º, 10º, 20º, 30º). Otros fabricantes, como Airbús, utilizan sobre la palanca indicación de posiciones numeradas de flaps-slats.

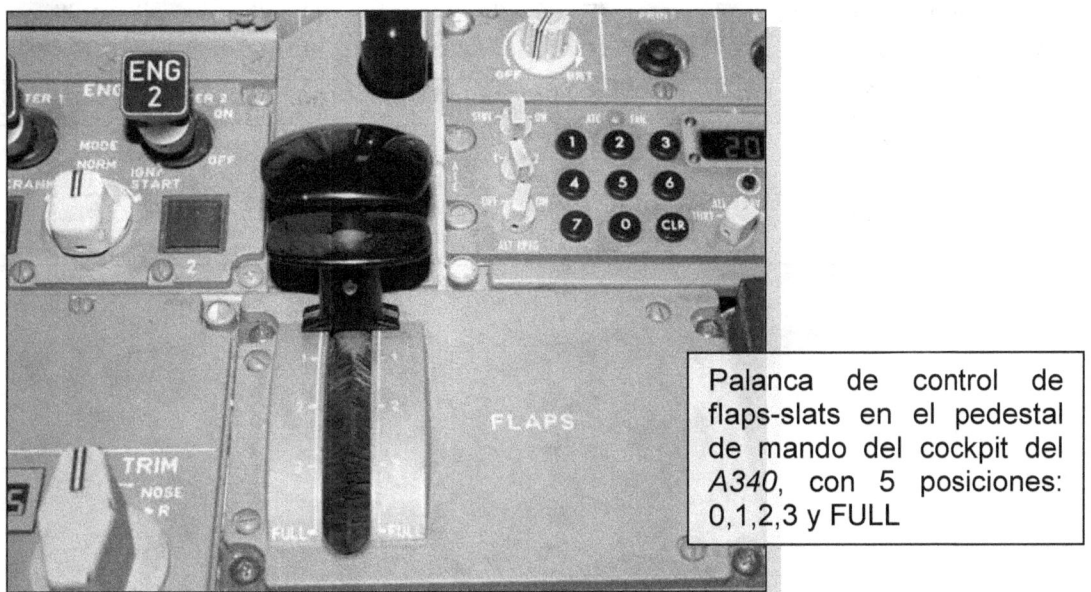

Palanca de control de flaps-slats en el pedestal de mando del cockpit del *A340*, con 5 posiciones: 0,1,2,3 y FULL

En aviación comercial pesada actual, el procesamiento de las órdenes de la palanca de flaps-slats se lleva a través de computadores específicos (SFCC o "slat flap control computer"). Estas órdenes de mando afectan no sólo a los slats y flaps, sino también a los alerones, moviéndose simétricamente y hacia abajo, como ayuda a la hipersustentación.

Por ejemplo, en el *A340* las distintas posiciones de la SFCL representan las siguientes configuraciones en los dispositivos hipersustentadores:

Posición SFCL	Tramo de vuelo	Ángulo de Slats	Ángulo de Flaps	Ángulo de alerones
0	CRUISE	0º	0º	0º
1	HOLD	21º	0º	0º
1+F	TAKE-OFF	21º	17.5º	TBD
2	TAKE-OFF2	24º	22.5º	5º
3	TAKE-OFF3 APPROACH	24º	26.5º	10º
FULL	LAND	24º	32º	20º

CONOCIMIENTOS SOBRE LA AERONAVE (VOL 1)

Los actuadores de los flaps y slats pueden ser de tipo electromecánico o electrohidráulico; en cualquier caso, las señales de control procedentes del SFCC son eléctricas, de baja potencia, mientras que la potencia que proporciona el actuador la recibe del sistema eléctrico o bien del sistema hidráulico. En aviación comercial son habituales los actuadores electrohidráulicos. En un avión como el *A320* que utiliza tres canales de energía hidráulica nombrados como azul (B), verde (G) y amarillo (Y), los dispositivos hipersustentadores del ala se controlan del siguiente modo:

Dispositivo hipersustentador	*Canal hidráulico de control*	*SFCC de control*
Slats	B	SFCC1
	G	SFCC2
Flaps	Y	SFCC2
	G	SFCC1

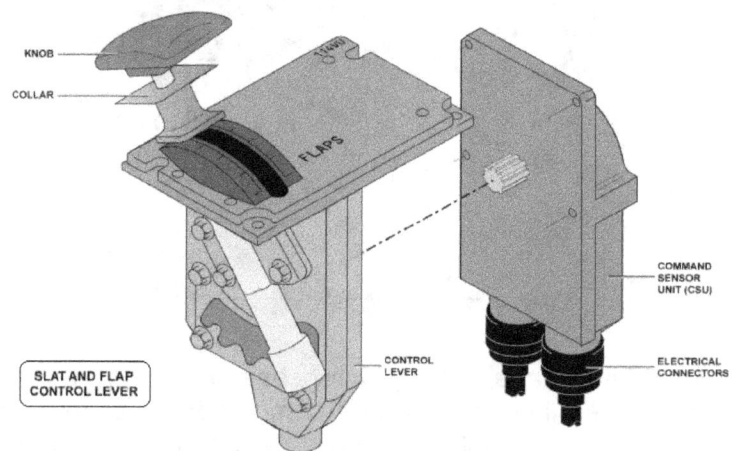

El SFCL se acopla al sensor de órdenes CSU ("Command sensor Unit") que convierte las posiciones mecánicas en señales eléctricas de command para los SFCCs.

En una aeronave como el A340 el sistema de hipersustentación está compuesto por los siguientes elementos:

- <u>Superficies de hipersustentación</u>: 7*2 slats, 2*2 flaps y 2*2 alerones.

- <u>2 SFCCs</u>: cada uno con un canal de slats y otro de flaps; con fallo de uno de los dos computadores, las superficies se mueven a la mitad de la velocidad en condiciones normales.

- <u>1 CSU</u>: generadora de señales de mando hacia los SFCCs.

- <u>2 PCUs</u> (unidad de control de potencia): una para slats y otra para flaps; cada una consta de dos motores hidráulicos acoplados a una misma caja de engranajes diferencial (DGB), además de un bloque de válvulas (VB) para control de extensión y retracción de superficies, velocidad de desplazamiento de las mismas y sistema de seguridad de frenado del motor (POB).

5 Dispositivos Hipersustentadores

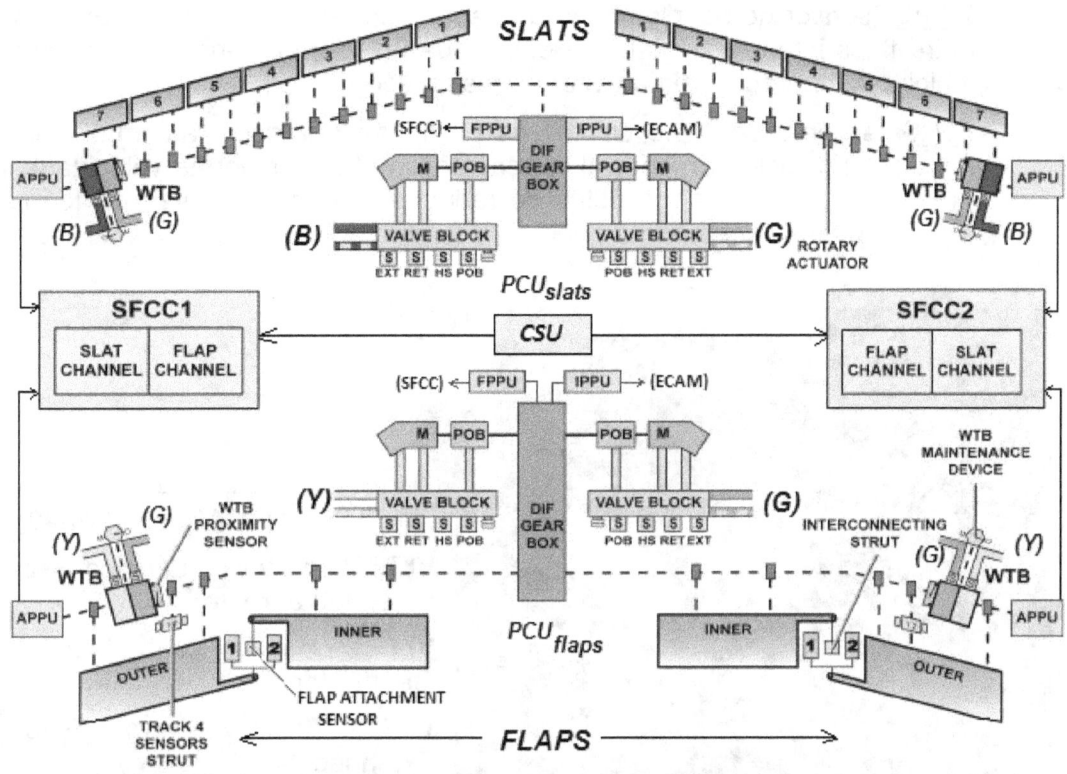

- 2 APPUs (unidad detectora de asimetría): entre slats de diferentes planos y flaps de distintos planos, de forma independiente.

- 2 FPPUs (unidad detectora de posición de realimentación): detecta la señal mecánica generada por la DGB y la convierte en una señal eléctrica proporcional que sirve a los SFCCs como señal de comparación con la de command de la CSU.

- 2 IPPUs (unidad detectora de posición para indicación): detecta la señal mecánica generada por la DGB y la convierte en una señal eléctrica proporcional que se transmite al sistema ECAM.

- 4 WTBs (freno de punta de plano): conectados en los slats y flaps más cercanos a las puntas del ala; activados en caso de asimetría o sobrevelocidad en flaps y/o slats.

CONOCIMIENTOS SOBRE LA AERONAVE (VOL 1)

- <u>2 FAS</u> (sensor de acoplamiento de flaps): mide el movimiento diferencial entre flaps interiores y flaps exteriores de un mismo plano, cuyo exceso inhibirá su operación, para evitar daños mayores.
- <u>FLRS</u> (sistema de alivio de cargas en flaps): retracción automática de flaps a su posición anterior al excederse en el avión ciertas velocidades predeterminadas; cuando éstas se reducen, los flaps vuelven de forma automática a su posición original.

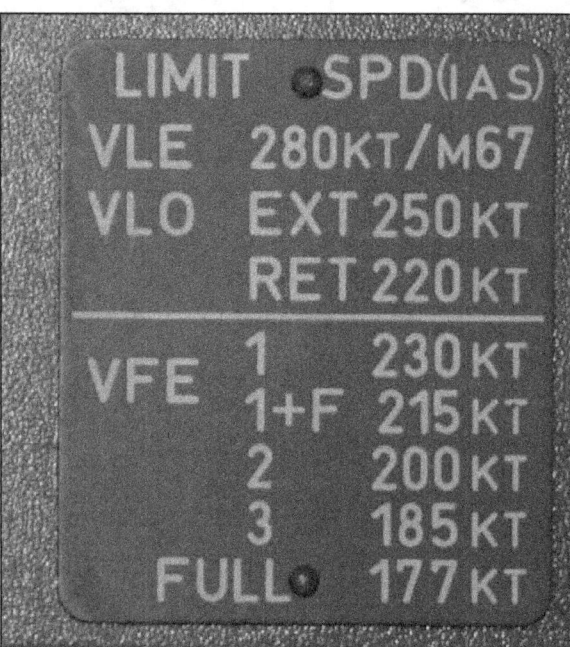

Limit Speeds (CAS) en el *A340*:

VLE: Velocity with Landing Gear Extended enroute.

VLO: Velocity with Landing Gear Extended.

VFE: Velocity with Flaps Extended.

CONOCIMIENTOS SOBRE LA AERONAVE (VOL1)

COLECCIÓN MANTENIMIENTO DE AERONAVES

1ª Edición, Actualizada Abril_2014

www.lulu.com/spotlight/inercia

www.avionicabarajas.blogspot.com

© Javier Joglar Alcubilla. Enero_2013

www.ingramcontent.com/pod-product-compliance
Lightning Source LLC
Chambersburg PA
CBHW080935170526
45158CB00008B/2293